JN185394

PLATFORM 9¾

Berlin

ツーリズムの都市デザイン

非日常と日常の仕掛け

橋爪紳也

鹿島出版会

はじめに――ツーリズムがもたらす都市のデザイン

●観光MICE振興策と「非日常の景観」

ツーリズムと都市デザインに関する動向は、二極化しつつあるように思える。

いっぽうの極は、テーマパークや大型商業施設、カジノ、劇場、ミュージアムといった新たな都市型の集客装置を充実させるとともに、高級ホテルやコンベンション施設を設けて、国際的な観光都市としての基盤を充実させる動きである。大規模な投資を必要とする事業も含まれる。

いうまでもなく、ニューヨーク、パリ、ロンドン、東京など「グローバル・シティ」と呼ばれる世界的な巨大都市は、同時に世界有数の観光都市である。産業や金融、文化の中枢性を誇る都市には、国際空港とともに、ビジネスミーティングなどコンベンションの機能が集積する。エンターテインメントや食文化の集積もある。国際観光の目的地であることも、世界的な大都市が当然、保有する機能である。

先行するこれらの都市を追う諸都市も、グローバル・シティを目指す動きのなかで、観光都市としての魅力向上を競い合う。たとえば世界一の高さのランドマークとなる超高層ビルを建設、先例のない都市をかたちづくったドバイを想起すれば良い。また圧倒的な光と音によるビル街のイルミネーションのショーで人気を集める香港も同様である。各都市は、地域独自の文脈やデザインモチーフを意識しつつも、他にないオンリーワンの非日常の空間を創出することに躍起になっている。

統合型リゾートを制度化することで、都市の魅力を向上させたシンガポールも好例だろう。マリーナベイ地区にあっては、3棟の超高層ビルの屋上を連結した魅力的な造形のホテルの足元にカジノや劇場、デジタルアートのミュージアムや複合的な商業施設を建設した。いっぽう都市型リゾートを目指すセントーサ島周辺の再整備にあっては、ユニバーサルスタジオのテーマパークを核に、コンベンション施設を含む施設が具体化する。各リゾートにはこうしたコンベンション施設をはじめ、滞在者を楽しませる無料のショーも充実している。またカーレースF1を始め、世界中が注目するイベントの開催も成功させた。

シンガポールだけではなく、国際的な都市間競争にあって、観光に関わる領域ではM

ICEの重要性が顕著になっている。MICEとは企業のミーティング、インセンティブツアー（企業の報償旅行）、コンベンション（国際会議）、文化やスポーツのイベント、エキシビションの頭文字をとった呼称である。実際、近年、アジアにあってもこの分野に力を入れている都市は多い。

国内では東京が典型的だろう。近年、再開発が展開するなかで、一流のホテルが数多く開業した。また羽田から台場、舞浜、幕張に至る湾岸にさまざまな集客施設が立地している。また2020年の五輪招致の成功が、この種の動きに拍車をかけた。

東京の、たとえばお台場などは、洗練されたデザインのホテルやオフィスビル群と、河川に溢れる屋形船、公園に建つエッフェル塔のレプリカなど都市型の観光地ならではの造形の対比を示し、地域全体としていわば「非日常の景観」が創出されている。思えば等身大ガンダムが出現したのも、このエリアであった。固有の景観と国境を越えて普遍的な機能とが融和するなかで、ツーリズムがもたらす都市に固有の景観が生まれつつある。そのありように博覧会場にならぶ仮設建築群やテーマパーク施設が生み出すランドスケープとの類似性を指摘することもたやすい。

ともあれ成長が著しいアジアの巨大都市にあっても、観光産業やMICEビジネスの振興を促すべく、大規模な都市開発が盛んに行われている。そこにあっては、これまで誰も見たことがない、「非日常」を演出する都市空間の創造が常道となっている。アイコンとなる建築や先例のない都市空間をデザインする姿勢こそが、成功事例として評価されているように思える。

●コミュニティ・ツーリズムと地域に根ざす「日常性」

ツーリズムのもういっぽうの極として、いわゆる都市型のニュー・ツーリズムの振興によって集客をはかろうとする傾向も顕著である。産業観光、スポーツ・ツーリズム、ヘルス・ツーリズム、フィルム・ツーリズム、歴史的街並みを活用するヘリテージ・ツーリズム、都市型のエコ・ツーリズムなどを列記することができるだろう。

国内でいえば、観光客向けに地域の歴史や文化を再発見するプログラムや、ものづくり体験のプログラムなどを用意する例がある。国内では、「長崎さるく博」の成功を契機として、まちあるきを重視する都市が増えている。地域の人々がみずから地元の魅力を発掘し、独自の観光ルートを設定して商品化し、消費者である観光客に提供するべきだという考え方である。そこでは、観光集客による経済波及効果だけではなく、地域ブランドの向上や市民活動の活性化をはかる手段として、この種の「着地型」の商品開発が必要だというわけだ。

ニュー・ツーリズムのなかでも、筆者は地域コミュニティ内部から生じる自律的なツーリズムの意義を強調している。地域コミュニティに根ざし、活性化し、ときに再生させる手段として有益であることから、コミュニティ・ツーリズム（Community Based Tourism）と名づけ、各地で広く実践を行っている。

コミュニティ・ツーリズムの現場では、地域住民と来街者とが交流の機会と時間とを用意することで、地域の人々がわが街を再発見すると同時に、地域への誇りを回復することが可能になる。結果的にコミュニティそのものを活性化させ、ときに地域コミュニティが抱えてきた課題を解決するうえでの一助となる場合もある。「行政や大企業が提供するサービスでは対応することがかなわない地域の課題を解決するべく、地域住民が新たに創出する事業をひろく捉えた概念」と定義されるコミュニティ・ビジネスの発想を観光事業に展開したものだ。

コミュニティ・ツーリズムは地域社会に根ざしているがゆえに、おのずと地域の固有性に着目する。その振興のなかで創造される都市デザインもまた、地域の文脈に根ざしたものとなる。この種のツーリズムを振興するほどに、「非日常」の対極にある地域独自の「日常」のデザインの再評価がなされることになる。

●ツーリズムと都市の文化的景観――「同時代の都市文化」を誇る

回顧すれば21世紀初頭の十数年は、日本の観光政策にあって大きな転機であった。政府は観光立国を目標に据え、外客誘致を重点施策とするべく、ビジット・ジャパン・キャンペーンを本格化させた。広義の国際観光に関わるビジネスを基幹産業のひとつに加えることが明快に呈示されたわけだ。

背景には地域の「文化資本」をソフトパワーとして再評価しようとする時代の要請がある。食文化、伝統的な芸能や祭礼、職人の技、美術工芸品、美しい景観などは、地域や企業における生活のなかで人々が共有してきた価値であり社会的な資本である。これら地域固有の文化を国際的に通用する「財」とみなし、何らかの手段をもって産業化をはかるとき、ＩＴなどの情報産業と同様に観光・集客という領域がおおいなる可能性を秘めていることは容易に理解できる。

いっぽうで「都市美」を巡る議論もさかんになった。金沢や萩などでは歴史的な城下町全体を、世界遺産に登録しようという運動がさかんである。また景観に関する法律制定を受けて、伝統的な景観を根拠に従来にないダウンゾーニングの建築規制を導入する京都のような事例が出てきたのは、わが国では画期的だ。歴史的な街並み保存地区のように保存修景をはかるだけではなく、地域の固有性を活かしながら新たな美観を形成しようとする姿勢が示された。観光の面からも、都市や地域の美観についてこれまで以上に論じられるべきだろう。

熊野古道が世界遺産に登録された際、「文化的景観」という言葉が広く流布した。圧倒的な大自然でもなく、工匠が生み出した見事な建造物のように希少価値のある宝物でもない。多くの人が往来した「道」や聖なる山の存在そのもの、すなわち信仰という活動を支える場の全体が、次代に伝えるべき私たちの貴重な財産であることが確認された。その後、棚田や里山などの農業景観美観、植林された美林などの林業景観、養殖池など漁業の景観が登録の対象として調査がなされてきた。要するに文化庁が提示した「文化的景観」とは、類い稀な産業景観であり、おそらくは景観を支えている人々の生業までをも含めて、守るべき対象ということになる。

もちろん、産業景観は農林水産業に限るものではない。製造業や商業に関する景観、またオフィス街やメインストリートの景観のなかにも、私たちが誇りとする都市型の産業景観があるはずだ。また特徴的な盛り場の風光や、伝統的な温泉地の風景も文化的景観として考えてよい。

なぜ都市における文化的景観の意義を、ことさらに問うのか。それは何よりも私たちが生み出した都市もまた、「文化」であると主張するべきことが有意義だと考えるからだ。私たちは、江戸時代や明治時代の街並みを「文化」だと理解することはできる。ただ自分たちが生み出し、今日も使い続けている同時代の都市を、誇りを持って「文化」だと語ることには躊躇しがちだ。しかし実際のところ、私たちは日々、新たな景観を生み、そのただなかで生きている。地域に根ざした生活実践とライフスタイルの総体が、「文化的景観」を支えていることを意識するべきだろう。観光を意識する都市の景観整備にあっても、郷土性を重視するべきだと考えるゆえんである。

人が自由に移動する社会を前提としつつ、これからの都市のデザインを論じる際、グローバルな人の移動を意識した「非日常性」と、地域の文化や歴史に根ざした「日常性」との二極が混在している。前者は世界的な都市間競争を前提に、世界に例のない景観を生み出そうとするものであり、後者はコミュニティレベルでのデザインを重要視する傾向である。いずれも意図は異なるが、国境を越えて移動する人々の感性に訴求し、感動を与えうるものである。

世界各地で確認することができる都市デザインの方法論や戦略を論じた本書の主題を、「ツーリズムの都市デザイン」と題したゆえんである。

01

オンリーワンの核づくり

現代の「ハコモノ」展開

→ 01 SEOUL SOUTH KOREA
→ 02 METZ FRANCE
→ 03 BIRMINGHAM UK

戦略としての「デザイン」

ザハの東大門

●「ソウルの色」を選ぶ

ソウルでは、デザインを経済成長の原動力と位置づけて、関連分野に重点的に投資している。加えて将来的に世界で活躍するデザイナーを輩出するべく、子供たちのデザイン教育にも熱心だ。

かねて交流のあるソウルデザイン財団のスタッフに話を聞くと、市長以下、デザインを「経済成長の原動力」と位置づけ、覚悟を持ってアジアの中核となることを目指しているという。10年後にはデザイン分野における「アジアのハブ」を目指すと、高い目標を語る関係者もいた。デザインを都市戦略の上位概念とすることで、都市ブランドの向上をはかろうとする意志も明快である。

　実際、韓流のデザインに触れるべく、世界からソウルを訪問する人も増えている。近年、『ニューヨーク・タイムズ』を始め、世界の主要なマスコミが「デザイン都市」としてのソウルを特集するようになったのも、これまでなかった傾向だ。デザインを活用したグローバル・ブランド・マーケティングの成果である。

　財団は、「デザイン首都」に関する一連のイベントの事務局機能を担うとともに、ソウル市独自のデザインを創案する業務も担っている。たとえば都市の色を究明、「ソウルの色」を体系的に呈示した。赤や青、緑や橙など基本的な色彩においても、韓国の伝統に由来する色合いを選定、ソウル市に限定した色味・彩度・明度などを指定して、公共の印刷物や表示などに採用している。またソウル市固有の書体も確定、発行物、公文書、ウェブ文字などに用いるという。また都市風景を外食産業など看板の整序にあっても、強制的に一律化をすすめることを是とせず、量、大きさ、色彩の強度などを誘導することを検討している。規制を重んじる景観行政ではなく、デザイン面での統制が「都市の視覚的な秩序」を産み出すうえで有意義だという判断である。

　財団はまた、企業との連携や才能のある若いデザイナーの育成もすすめている。才能のある若手のクリエイターに工房を貸すインキュベーション・オフィス、IT系の企業とのマッチングのほか、学生街に大学生向けのサテライトを設けるなど、地道な活動に力点を置いている。

1、2ともに Photo by Vincent St. Thomas / Shutterstock.com

市場跡地のデザインセンター

財団が担う最大の事業が、2015年完成予定の東大門(トンデムン)デザインプラザ&パーク(通称DDP)である。総工費は日本円にしておおよそ300億円、13年に開業し、展示・コンベンションホール、デザイン博物館、情報教育センター、デザインアーカイブ、デザイン博物館で構成される。もともと東大門運動場があった用地の一部を転用、アジア最大規模のデザインセンターである。1 2

東大門は、かつてソウル市を囲み、都市を防御する堅牢な盾であった城壁にあって、東側に開く市門であった。壁は取りこわされ、界隈には、かつては露天商

東大門デザインプラザ＆パーク

が雑多な店を構え、ソウルを代表する衣料のマーケットとして独特の風物を示すところとなった。また近傍には野球場などのスポーツ施設が建設された。

現状は「東大門総合市場」「広蔵市場」「平和市場」など近接する市場群を加えて、総称して「東大門市場」と呼ぶ場合が多い。高速バスを利用して、地方都市から東大門の問屋に買い付ける客の滞在時間にあわせるべく、夕方に店を開き、深夜から翌朝にかけて営業している店が多いのが特徴である。小売店でも値札を掲げず、口頭で価格交渉を行う習慣が残る。国内はもとより海外からも、小売店の経営者や専門のバイヤーが、買い付けに集まってくる。近年には「斗山(トゥサン)タワー」や「ミリオレ」といったファッションビルの人気もあいまって若者の姿も目立つ。年間約

２１０万人の来街者があるという。

「東大門デザインプラザ&パーク」の設計は、国際コンペ（設計競技）を経て、ザハ・ハディドが担当することとなった。ザハは１９５０年生まれ、イラク・バグダットの出身である。レム・コールハースを師とし、79年にロンドンに自身の事務所を構え、母校ＡＡスクールでも教壇に立った。80年代にはハーバード大学などの教授も勤めた。ロシア構成主義の影響下、コンセプチュアルで空想的な提案で知られ、脱構築主義の旗手となる。無数の道路やパイプのようなラインがゆるやかに折れ曲がり交差し重なり合う有機体状の構造物など、過激なドローイングの類はあまりにも有名だ。もっともその過激な作風ゆえ、独立後から十数年間は、実現できた建築はほとんどなく、いわゆるペーパー・アーキテクトであったといって良い。83年、香港のビクトリア・ピークを現場とした「ピーク・クラブ」の設計競技で第1位を獲得する。しかし爆発した無数の破片が鋭い軌跡を宙に残すような過激な設計案は、コンペを征した直後に事業者が倒産、実現することはなかった。

　しかし転機が訪れる。93年に竣工したビトラ消防ステーションの建設を皮切りに、ローゼンタール現代美術センター、インスブルックのスキージャンプ台、サラゴサの橋梁、ライプツィヒのＢＭＷセンター、ロンドン五輪の水泳センターなど、多くの建築を実現させている。またロンドンのミレニアム・ドームの『マインド・ゾーン』の内装設計などインテリアの仕事も多い。２００２年にはシンガポールの都市計画コンペで最優秀賞を獲得、04年に女性初のプリツカー賞を受賞した。日本では20年に予定されている東京五輪のスタジアムの設計者として話題となった。

東大門デザインプラザ&パークは、アジアにおける彼女の代表作である。

● デザインの競争力

東大門デザインプラザ&パークでは、主要な建物に隣接する用地で、いくつかの施設が先行して開業している。09年10月には、63000㎡ほどの広さを持つ歴史公園「東大門歴史文化公園」が竣工した。この公園もザハ・ハディドが手がけたものだ。エントランスにはヘチ(空想の動物、ソウル市のシンボル)のアート作品が置かれ、入園者を迎えている。3 4

東大門では、サッカー場跡からは建物跡6つ、集水場の跡が2つ、井戸の跡が3つ、野球場からは建物跡4つ、井戸の跡が1つ、焚き口跡などが発掘された。展示スペース「東大門遺構展示場」や歴史館などがあり、誰でも自由に散策し、鑑賞することができる。屋外の「東大門遺構展示場」には工事中に出土した朝鮮時代の建物の遺構を、発掘されたままの状態で展示している。一角にはデザインプラザに先立って整備された「デザインギャラリー」があり、2~3カ月単位で展示内容が入れ替わる企画展示館である。5

さまざまなヘチが来訪者を出迎える

歴史館には、朝鮮時代から近代まで、ここで発掘された2778点の遺物群の概要を紹介、遺物を復元して3D映像で見せるコーナーや発掘された地層を紹介するパネルも用意されている。また敷地から一部が発掘された日本統治時代に壊された城壁の一部と二間水門（イガンスムン）を復元している区画もある。

野球場と露天商街から、歴史文化公園とデザインの拠点へ。東大門のデザインプラザは、デザイン関連の知識や情報が生まれ、世界から集まり、伝える機能を担う「世界デザインのハブ」を目指している。その存在は、ソウルをグローバル・トップ10都市に成長させ、世界デザイン先進国に準じるレベルまで韓国のデザイン競争力を伸ばすと同時に、ファッション業界の売上げを年間30兆ウォン（約3・

流線形のデザインギャラリーが遺構を取り囲む

2兆円）、東大門商圏の売上げを年間15兆ウォン（約1・6兆円）にまで拡大するエンジンとなることだろう。財団の関係者の話によれば、次年度、竣工した暁には、明洞などの盛り場を凌いで、このデザインセンターが、ソウルにおける最大の観光の魅力になるはずだという。

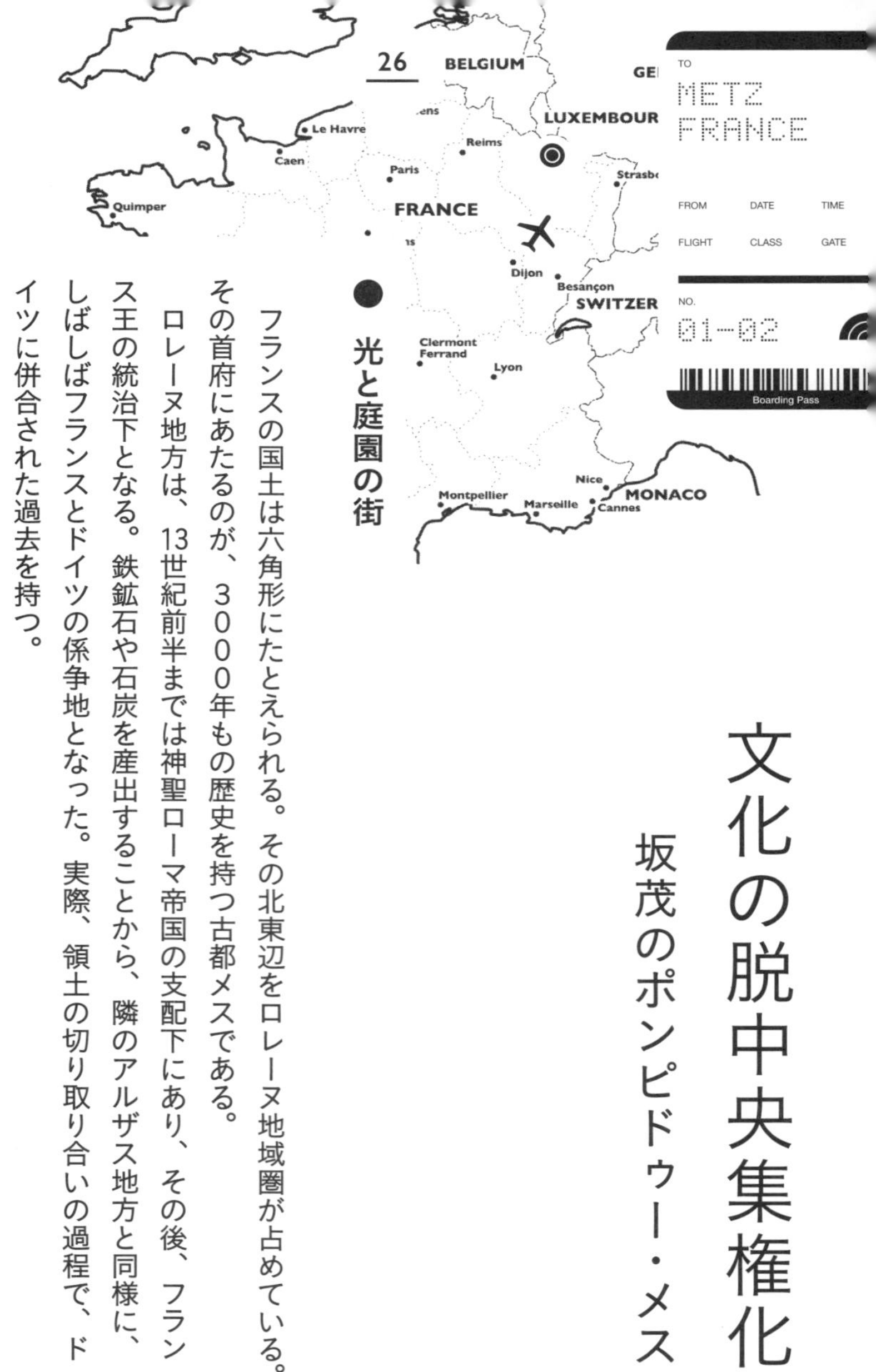

文化の脱中央集権化

坂茂のポンピドゥー・メス

→ フランス **メス**

光と庭園の街

フランスの国土は六角形にたとえられる。その北東辺をロレーヌ地域圏が占めている。その首府にあたるのが、３０００年もの歴史を持つ古都メスである。

ロレーヌ地方は、13世紀前半までは神聖ローマ帝国の支配下にあり、その後、フランス王の統治下となる。鉄鉱石や石炭を産出することから、隣のアルザス地方と同様に、しばしばフランスとドイツの係争地となった。実際、領土の切り取り合いの過程で、ドイツに併合された過去を持つ。

いっぽうメスは、その地政学的な位置から、商業拠点として栄えた経緯がある。フランスとドイツの主要都市を結ぶ東西軸にあり、またブリュッセルやルクセンブルグから南へ下る交通軸にも位置づけられる。双方の交点、すなわち「欧州の十字路」に立地したことが都市に繁栄をもたらしたわけだ。戦乱の時代には異民族の侵犯を受けるが、平和な時代には異文化との交流による経済的な栄華を十分に享受することができる。国家の辺境に位置する都市の宿命であり、また地政学的な利点といってよいだろう。

もっとも今日にあっても、メスは「光と庭園の街」として知られており、街は美しい。ドイツ帝国皇帝ビルヘルム2世の意志によって計画的に建設された「インペリアル地区」と呼ばれる旧市街地には、新ロマン主義、アール・デコ、ユーゲントシュティールなど、ベル・エポック時代のさまざまな建築様式が共存している。

そのなかで、ひときわ高くそびえ立ち、都市のランドマークとなっているのがサン・テティエンヌ大聖堂である。高さ42mという身廊を有し、

300年かけて築かれたメスのランドマーク、
サン・テティエンヌ大聖堂

世界で最も高い中世建築のひとつであるこの大聖堂は、1220年から1550年まで、300年間という歳月を費やして建造された。豪壮かつ荘厳なゴシック・フランボワイアン建築の傑作である。「フランボワイアン」とはフランス語で、炎が「燃えさかる」といった意味合いである。日本では「火炎様式」と呼ばれることもある。窓や外壁の装飾や紋様が、炎が波打ち、燃えさかっているような複雑な曲線で構築されていることから、この名前がついた。この様式の教会建築は、フランス北部に優れた作品が多く残る。1 2

「燃えさかる」ような曲線で構成される
ゴシック・フランボワイアン様式の空間

シャガールによるステンドグラス、
「光と庭園の街」の「光」

サン・テティエンヌ大聖堂はまた、総面積６５００㎡というステンドグラスで有名である。圧巻という形容がふさわしい。建築と一体となった厖大なガラスの工芸品は、一挙に嵌め込まれたものではなく、13世紀から20世紀までの長きにわたり構築されたものだ。工匠から工匠へ、アーティストからアーティストへと、襷（たすき）を渡すように造作が継承された。なかには巨匠と呼ぶべき人も含まれている。特に20世紀になってシャガールが手がけた部分などは、透過光によって醸し出される色彩が独特で実に美しい。ここにおいても「光」を意識する瞬間である。3

木と膜の殿堂

そんな歴史を持つメスに新たな文化の拠点がメスに出現した。パリのマレ地区にあるポンピドゥー・センターの最初の分館「ポンピドゥー・センター・メス（Centre Pompidou-Metz）」である。当初、２００８年にオープンを目指したが、工事に遅れが出た関係で、結局、10年5月に開館を果たしている。場所は、旧市街地から鉄路をはさんだ反対側、いわば駅裏のアンフィテアトル地区である。

駅から美術館に向かうと、その外観が見えてくる。大きくうねった白い屋根が宙に浮かび、その中央に塔が突き抜けている。高さは地上77ｍに届く。パリのポンピドゥー・

国立美術館らしからぬ佇まいのポンピドゥー・センター・メス

センターが開業した1977年という年次を意識した設計であるという。一見すると国立の文化施設とは思えない建物だ。美術館という施設が、しばしば醸し出す「権威」の気配は微塵もない。実に軽やかな印象だ。4

ポンピドゥー・センター・メスは、2つの庭園と鉄道駅とつながる緩やかな傾斜を持つテラスに囲まれている。約2万㎡の広さを有する北側の庭園にはサクランボの花が植えられ、草が茂る窪みが屋根やテラスから流れてくる水の受け皿になっている。南側には、対照的に静かな面持ちの庭園がある。

庭園やテラスを抜けて、建物に近づくと、屋根を支えている木造の架構が見えてくる。コンクリートや石造の建物を見慣れた目には優しい風合いを感じること

木と膜による大屋根が外部と内部を曖昧にしながら建物を覆う構成

ができる。その構造は独特である。５０００㎡の展示スペースを含む延床1万７００㎡の建物全体を覆うように、六角形のメッシュ状に木骨を組み上げた屋根が架構され、その上部をテフロンコーティングされたファイバーグラス、要するにテント膜で覆っている。いわば「木と膜の殿堂」である。5

　木造の屋根を構成する木骨は、総延長18㎞におよぶ。オーストリアやスイスからトウヒ材を輸入、10カ月の準備期間ののち、４カ月をかけて組み上げられた。

また延べ８０００㎡におよぶ繊維製の膜は、15%の光を通すとともに、木造の躯体部分を風雨から守る機能を有している。日本のテントメーカーのトップである、太陽工業の子会社「Taiyo Europe」の仕事である。

● 中国の帽子と六角形のフランス

ポンピドゥー・センター・メスの建設は、メスの広域都市圏が事業主、ポンピドゥー・センターが共同事業主というかたちですすめられた。建物の設計は、国際的な競技設計を経て、157組の中から最優秀とされた坂茂氏とジャン・ドゥ・ガティンヌ氏のチームによる提案が選ばれた。坂氏たちは、2003年12月に設計責任者に任命されている。

紙管の建築で知られる坂氏は「機能が決定するかたち」という持論を、この作品においても応用している。この建物の場合、キーコンセプトはヘキサゴン（六角形）である。建物の敷地も六角形、屋根を支える木組みも六角形に編まれている。

独特の木組みは、坂氏がパリで偶然見つけた中国の竹製の帽子にあったデザインのパターンをもとに開発したものだという。実際は展示会場である建物を箱のように積み上げた後、その上部に白い帽子状の屋根を被せるという手順を踏んだそうだ。しかし結果として産み出された空間は、建築物の内と外が実に曖昧であり、いかにも日本的だ。

また坂氏が採用した六角形という図形は、フランス人が想い描く、みずからの国土の概形と相似する。新たな文化拠点の設計コンセプトに、この図形を選んだことで、結果としてフランスという国へのオマージュとなった。竣工後、寄せられた高い評価から判断すれば、設計者の意図がフランスの人々に十分に伝わっていることがわかる。

● 文化の地方分権

ポンピドゥー・センター・メスは、フランスにおける文化の拠点施設を地方に展開する一連の国策にあって、初弾となるプロジェクトである。そもそもフランスは中央主権国家であり、経済面にとどまらず文化面においても首都パリへの一極集中が極度に達した。結果として地方都市の疲弊が語られるようになった。そこにあって、主要な文化施設の分館を地方都市に建設する案が検討される。たとえばポンピドゥー・センターの分館建設のアイデアは、2002年に浮上したものだ。

ポンピドゥー・センター（正式にはジョルジュ・ポンピドゥー国立美術文化センター）の名は、現代芸術の支援者として知られた第五共和政の第2代大統領にちなむ。美術に限らず現代音楽、ダンス、映像作品など、同時代のさまざまな芸術の拠点となる施設をパリ中心部に設けるべく建設された。施設内に国立近代美術館、産業創造センター、音響音楽研究所、公共図書館などが入居している。1977年の開館以降、コレクションを充実させて、今日においては欧州最大規模となる6万5000点もの作品を所蔵するに至った。

しかしその多くは倉庫に収めたままで、展示をする機会に恵まれない作品も多い。またせっかく保有していても、既存の施設では大型作品の展示スペースが十分ではないこ

特徴的な屋根の架構を万華鏡のように反射する鏡、「体験」的なアート作品

ともあった。そこで本館の倉庫に埋もれた作品を有効に利活用し、なおかつ大型の作品も容易に展示できる場の必要性が議論されるようになった。国立の文化施設を地方に展開したいという政策課題と、展示専用の施設を増築したいというポンピドゥー・センター固有の課題、双方を解決する手段として、分館を新設する構想が浮上したわけだ。

カーン、モンペリエ、リヨン、ナンシー、リールなども分館建設の候補地に名乗りをあげた。ライバルの諸都市を抑えてメスが選ばれた背景には、TGV（高速鉄道）によるアクセスの容易さといった立地の良さに加えて、鉄道駅に隣接する用地を確保した点などが指摘されている。

開業したポンピドゥー・センター・メスは、先述した課題に十分に対応をしている。筆者が訪問した2012年の秋には、パリの本館が保有しているコレクションを利用したユニークな写真展が開催されていた。暗闇のなかに、さまざまな作家の芸術写真が飾られている。入館者はペンライトを持って、自分で壁面を照らしながら、作品を鑑賞しつつ歩をすすめるという趣向だ。来館者は単に鑑賞をするのではなく、芸術作品を「体験」することになる。いっぽうテント膜の大屋根のもとに、ギャラリーの低層階部分の屋上空間が確保されている。大型作品を置くには十分な空間だ。昨年は巨大な鏡を床に展開する大がかりな作品が据え置かれていた。屋根の架構が反転して映りこむ。壮大な万華鏡のように見えて実に面白い。6

世界的な美術館の分館を誘致して都市再生の契機とした先例では、スペインのビルバオ市が有名である。グッゲンハイム美術館分館の開館効果で、工業都市から脱し、芸術文化に関心を抱く観光客の目的地に転じることに成功した。メスの分館も、多くのツーリストを世界中から呼び込んでいる。04年11月に具体化し、12年12月にオープンしたルーブル美術館のランス（Lens）の分館とともに、フランスにおける「文化の脱中央集権化」の実践であると同時に、アートによるツーリズム振興策の実例として、その成果が注目されるところだ。

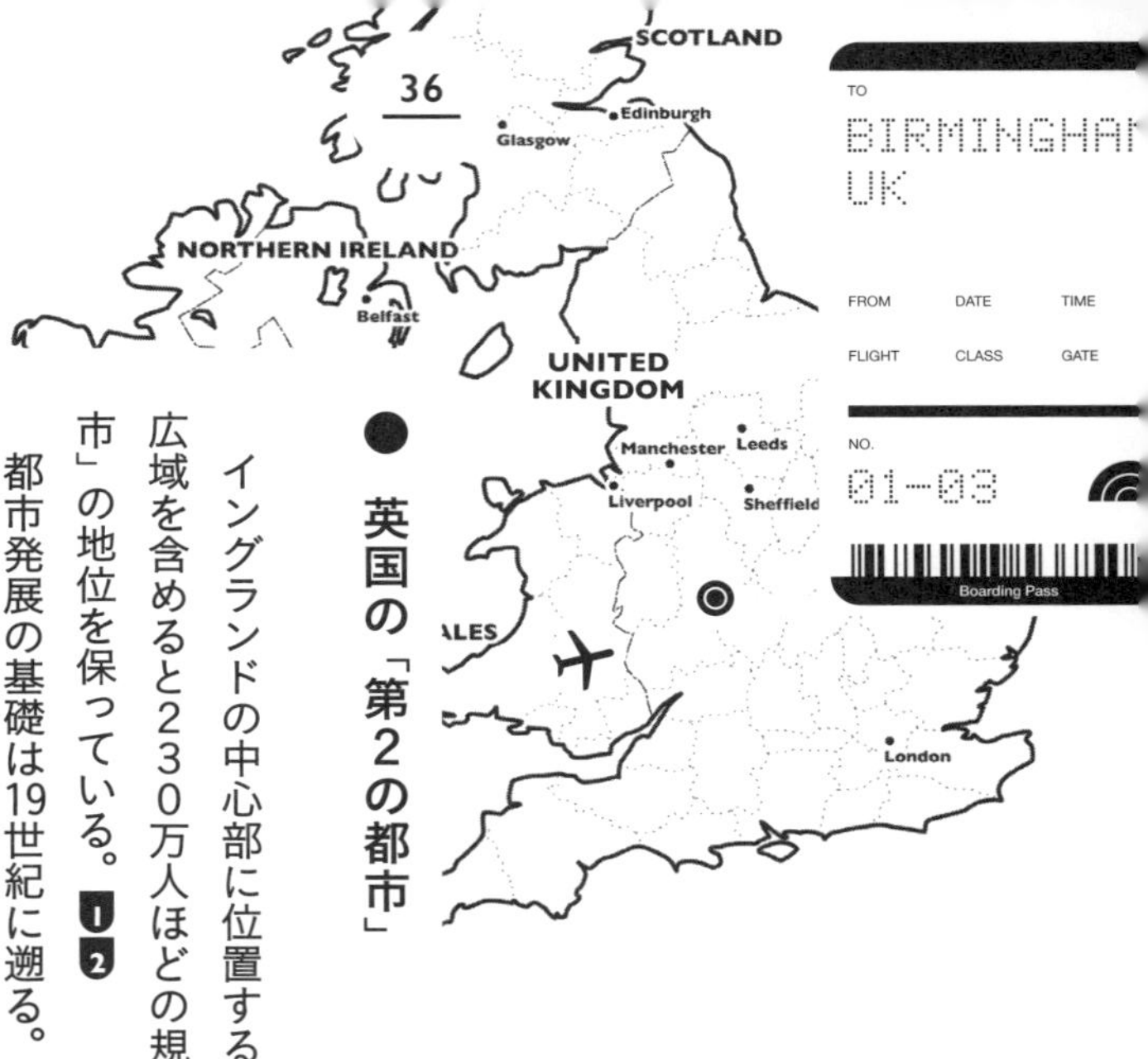

公共建築と広場戦略
図書館による都市再生

英国の「第2の都市」

イングランドの中心部に位置するバーミンガムは、約100万人の人口を擁している。広域を含めると230万人ほどの規模となる。英国においてロンドンに次ぐ「第2の都市」の地位を保っている。[1][2]

都市発展の基礎は19世紀に遡る。綿工業の世界的な中心であったマンチェスターや、その外港であるリバプールなどとともに、交通の要所であったバーミンガムは産業革命を牽引する近代的な工業都市として繁栄をみた。機械産業などを基幹とし、今日においても英国における自動車産業の中核という

→ イギリス **バーミンガム 1**

ライトアップされたバーミンガム・タウンホール

役割を担っている。また早くから、海外からの労働力を受容してきた経緯があり、多民族、多文化が共生する都市という一面を持つ。

もっとも20世紀後半から現在に至る経緯を見ると、バーミンガムはドラスティックな変貌を余儀なくされてきたことがわかる。第2次世界大戦中にドイツ軍による空爆を受け、市街地は破壊された。戦後、復興に向けた都市再開発が行われる。その際、都心をビジネス機能に特化したオフィス街とするべく、課題のある密集した住宅を一掃し、高層の公営住宅への移転を促した。いっぽうで都心を取り囲むように、インナーリングとアウターリングと呼ばれる2本の環状の幹線道路網を整備して、自動車に依存する交通計画と、それに対応する都市計画が実施された。

経済成長を継続していれば、都市はおのずと成長したのだろう。しかしオイルショックを契機に、製造業の流出が顕著になる。景気の低迷と雇用状況の悪化がバーミンガムを直撃した。さらには経済のグローバル化が拍車をかけた。産業の衰退は、同時に都心の空洞化をもたらした。富裕層が郊外に転出したこともあって、低所得者層が住まう中心市街地の生活環境や治安状況が悪化、さまざまな社会問題が顕在化した。失業者や貧困者への対策をはかる必要が生じるなかで、バーミンガムの都市イメージやブランド力は低下をみる。かつておおいに繁栄をみた「第2の都市」の誇りは失墜した。

●衰退した都市部の再生、シティセンター戦略

1980年代、バーミンガム市当局は、民活や規制緩和による再生への取り組みに意欲を見せる。87年、衰退したインナーシティの再生を目指す「シティセンター戦略」を提示した。そこでは都心への新規投資を呼びこむべく、都心の環境の質を向上させることで、市民のアクセシビリティを高めるための方策が検討された。

具体的には、都心に点在する7つの広場を重点的に改良するべき施設として指定、それぞれに特色ある整備計画を描き、各広場間を快適な歩道でつなごうという構想が示された。その後更新を経て、「シティセンター

再開発によってショッピングセンターへと生まれ変わったブル・リング

戦略」の整合性をはかるべく、都市計画も改めた。

一連の再生構想で、特に注目されるのが交通計画の見直しである。かつて整備した自動車道路を撤去、代替に歩行者専用の道路を整備、また目抜きのショッピングストリートを歩行者専用とした。ハード・ソフト双方において、コンパクトシティへの転換を大胆にはかろうというものだ。

● 20年構想、Big City Plan

シティセンター戦略は次の段階に入る。最新版のマスタープラン「Big City Plan」が発表されたのは、2010年9月のことである。2030年までを視野に入れた20年間におよぶこの長期計画では、「世界に通

用するバーミンガムの実現に向けた総合計画」であることがうたわれた。

具体的には、都心を「City Core」として想定、歩行者に優しく24時間稼働する「機能混合エリア（Mixed Use）」とすると同時に、周辺の6エリアにトリガーとなるプロジェクトを用意しようというものだ。「Big City Plan」では、達成するべき都市の姿として、Liveable City、Connected City、Authentic City、Creative City、Smart Cityの5つの「都市像」が掲げられた。6

いっぽうで着眼点、および取り組みの目標として、Growth、Sustinability、Connectivity、Walkability、Building Height という5つのキーワードが明示された。

ここで示された基本方針のもとに、

ブル・リング内の特徴的な外観のデパート、セルフリッジ

マスタープラン「Big City Plan」

事業がすすめられることになる。計画では、来街者の回遊性を高めるべく、各公共施設の整備・再配置、賑わい機能の新設を行い、エリア内にある主要なストリート間の接続性を強化することがうたわれている。都市のビジュアルイメージに直結する歴史的建造物やランドマーク、景観要素の適切な維持・管理を行うことも重視されている。

さらに市民の多様なニーズに応じるべく商業地区の多様性を確保すると同時に、プレステージとなるオフィス空間の整備を継続することも明記されている。また既存のニューストリート駅周辺、およびスノーヒル駅周辺の再開発事業をトリガーとし、都心全体の改善をはかることも強調されている。

概していえば、先行するシティセンター戦略での成功体験を踏まえて、歩行者を優先する都心のコンパクトシティ化を継続しようという姿勢を見て取ることができる。

併せて、150万㎡の新たな床面積の供給、5万人の新規雇用、21億ポンド（約385４億円）の経済効果、6・5万㎡の公共空間の創出、延長28㎞の歩行者空間の確保などが、数値目標として掲げられている。

「Big City Plan」に記載されたプロジェクトのなかでは、幹線鉄道の敷設を契機とする再開発事業が特に注目されている。バーミンガムではカーゾン・ストリートに、新たな高速鉄道「HI SPEED 2」の新駅の建設が予定されている。「ＨＳ２」と略される英国版の新幹線は、既存の「ＨＳ１」とつながることで大陸と英国中部、さらには北部のスコットランドまでを連絡する大動脈となることが期待されている。時速４００㎞で運行、ロンドン・ユーストン駅とバーミンガムとの間を45分で結ぶ構想である。新駅の開業を意識、バーミンガム・シティ大学の新キャンパス構想など、再開発に向けた気運がすでに高まりつつあるという。

もっとも首都であるロンドンと、きわめて短時間で連絡され利便性が向上することが、「第2の都市」にとって有益なのか、あるいは、いわゆるストロー効果による弊害が顕著になるのか、双方の考えがあり、地元でも議論が継続されているとバーミンガム市役所の担当者は話していた。

複数の文化施設と広場を共有する都市再生のフラッグシップ、バーミンガム公共図書館

公共建築による都心再生

バーミンガムのシティセンター再生の戦略にはいくつかの柱がある。そのひとつが公共建築と主要な広場を重点的に整備しつつ、各広場の連携を強化、歩行者を優先した街路網を確保する一連の事業である。

事業の成果を象徴する施設が、政府によって建設された欧州最大の公立図書館「バーミンガム公共図書館（Library of Birmingham）」である。総面積3万5000㎡、建築費は約1億8800万ポンド（約345億円）、蔵書は約100万冊を誇る。前身となるバーミンガム中央図書館（Birmingham Central Library）から搬送された図書は総数6万6000箱を数えたという。

2013年9月3日に開館式が挙行された。セレモニーでは、女性が教育を受ける権利を主

3層にわたる吹き抜けを書架が囲む、知の集積を可視化する

張、パキスタンでイスラム武装勢力に銃撃されたマララ・ユスフザイ氏が招かれ、女性に対する教育の意義を訴えた。ユスフザイ氏は、バーミンガム市内のクイーン・エリザベス病院で治療を受け、一命を取り留めた。このことが、バーミンガムとの強い絆となっている。

バーミンガム公共図書館は、装飾性の高い外観が話題となった。オランダの事務所であるメカノー・アーキテクツと技術コンサルティング会社ブロ・ハッポルドが設計を担当した。「バーミンガム地方の金属産業と歴史ある宝石生産、人と知識を連動させるストーリーのある場所」が、デザインのコンセプトであるという。7

内部空間もユニークである。2階・3階・4階をつなぐ吹き抜け空間を書架が囲み、知を集積する場であることを可視化している。さらに上層部には、1882年に設計されたバーミンガムのシェイクスピア図書館の一室をそのまま移

約100万冊の蔵書を誇る欧州最大規模の公立図書館、
別室に収められたシェイクスピア関連の蔵書は44,000冊におよぶ

築、「Shakespeare Memorial Room」とした。4万4000冊におよぶ彪大なシェイクスピア関連の蔵書で著名な前身の図書館を継承する姿勢を具体的に示している。8 9

図書館の隣地には、先行して整備されたICC（国際展示場）やNIA（国立屋内アリーナ）、複合化するシンフォニーホールなどが立地、広場を共有している。公共施設と広場を魅力的に改善する施策を通じて、市民が都心にアクセスする機会を増やす狙いがある。欧州最大級の公共図書館は、公共投資を活用したバーミンガムにおける都心再生のフラッグシップとなるプロジェクトである。

参考文献　堀田祐三子「ビジネス・ツーリズムと都市再生——英国バーミンガム市における中心市街地空間の変容と観光開発に関する考察」『和歌山大学観光学部設置記念論集』和歌山大学観光学部、2009年3月

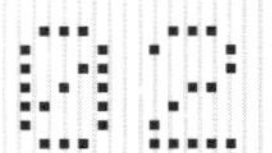

祝祭都市

地域と世界を結ぶイベント

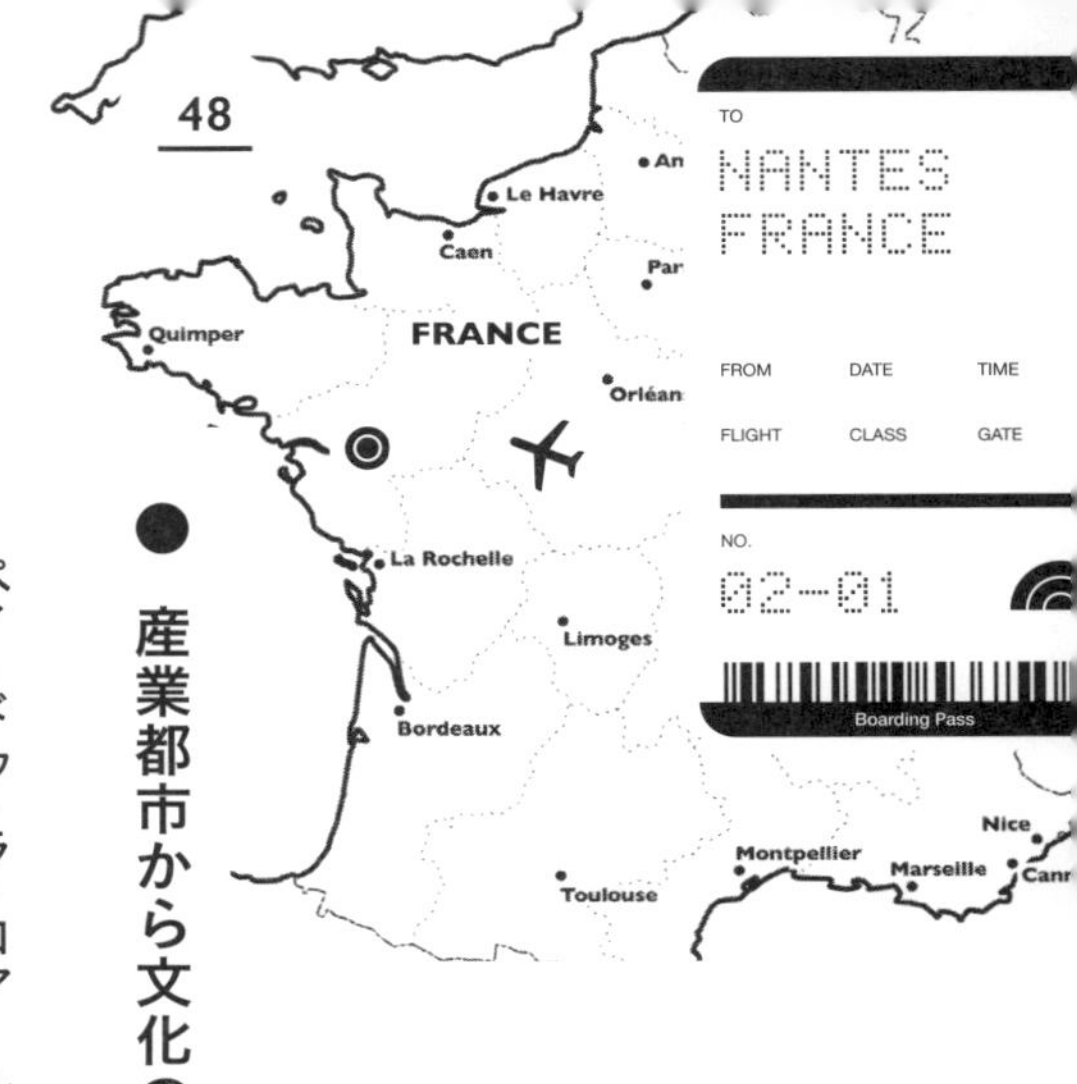

→ フランス **ナント 1**

歴史都市の再生

地域密着型フェスティバル都市

産業都市から文化のデザイン

ペイ・ドゥ・ラ・ロアール地域圏の中核であるナントは、人口27万人、フランス国内で7番目の規模の都市である。近年、文化産業の振興によって、かつての工業都市から脱皮をはかり、見事に都市を再生したことで世界中から注目されている。

ブルターニュ公国の首都であったナントは、古いケルト文化を継承するブルトン語の方言などに独自の文化を継承する。フランス王アンリ4世がカルバン派プロテスタントであるユグノー教徒に信仰の自由と政治的権利を認め、政教分離を宣言して宗教戦争に終止符を打った「ナントの勅令」によって、都市の名前は歴史に刻まれた。「大航海時代」

にはロアール川岸に位置する立地を活かして、ヨーロッパ大陸とアフリカ大陸、そしてアメリカの西インド諸島との間を結ぶ「三角貿易」の拠点港のひとつとなる。アメリカ大陸に黒人奴隷を輸送、代わりにプランテーションで栽培された砂糖、カカオを本国へ持ち帰るフランスの船団の母港となる。市街地には、今日にあっても、貿易によって蓄財した当時の豪商たちの邸宅が遺る。

近代にあっては、食品産業や造船業のほか、港で荷揚げされたサトウキビを原材料とする製糖業など、各種製造業の発展が都市の繁栄を支える。しかし1970年代以降、港湾機能がロアール川の河口に近いサンナザール市に移転するなかで、失業者が増加し、都市は岐路にたたされる。

この苦境にあって、文化事業を柱に据えた都市再生を推進したのが、1989年に市長に就任したジャンマルク・エロー氏である。いくつかのプログラムが提示された。そのひとつが都心に位置するロアール川の中洲、「ナント島(イル・ド・ナント)」の再開発プロジェクトである。また各種のフェスティバルを展開するとともに、シンボリックな事業として、かつてのビスケット工場を、市民参加型の文化政策を具現化する拠点「リュー・ユニック(Le Lieu Unique)」に改築した(リュー・ユニックについては200ページで紹介する)。

都市再生としての文化イベント、「ロアール・エスチュアリー」（1～5：公式パンフレットより）

●ナント島と川筋の再生

ナント島は東西４・９km、幅は最大１km程度、３５０haほどの広さがある。複数の中洲や湿原を統合して、19世紀から20世紀にかけてかたちづくられたものだ。港湾施設に加えて、造船所を始めとする各種の工場が立地した。かつては市の経済を支える産業の集積地であったが、工場が撤退するようになった１９８０年代以降は、荒廃した地域となっていた。また島を囲んで流れるロアール川の浄化も緊急の課題となった。

２００１年、文化と観光・レジャーの機能を導入することで、汚染された産業都市の遺物となったこの島を、「緑の島」へと再生する大胆な取り組みが着手された。20年をかけて「持続可能な都市再生」を実践しようという意欲的なプロジェクトは、フランスの内外から注目された。

プロジェクトの推進にあたっては、市民との会合を重ね、初期段階からアーティストやデザイナーが計画に参加した。さらにコンペによってマスタープランを選定、先

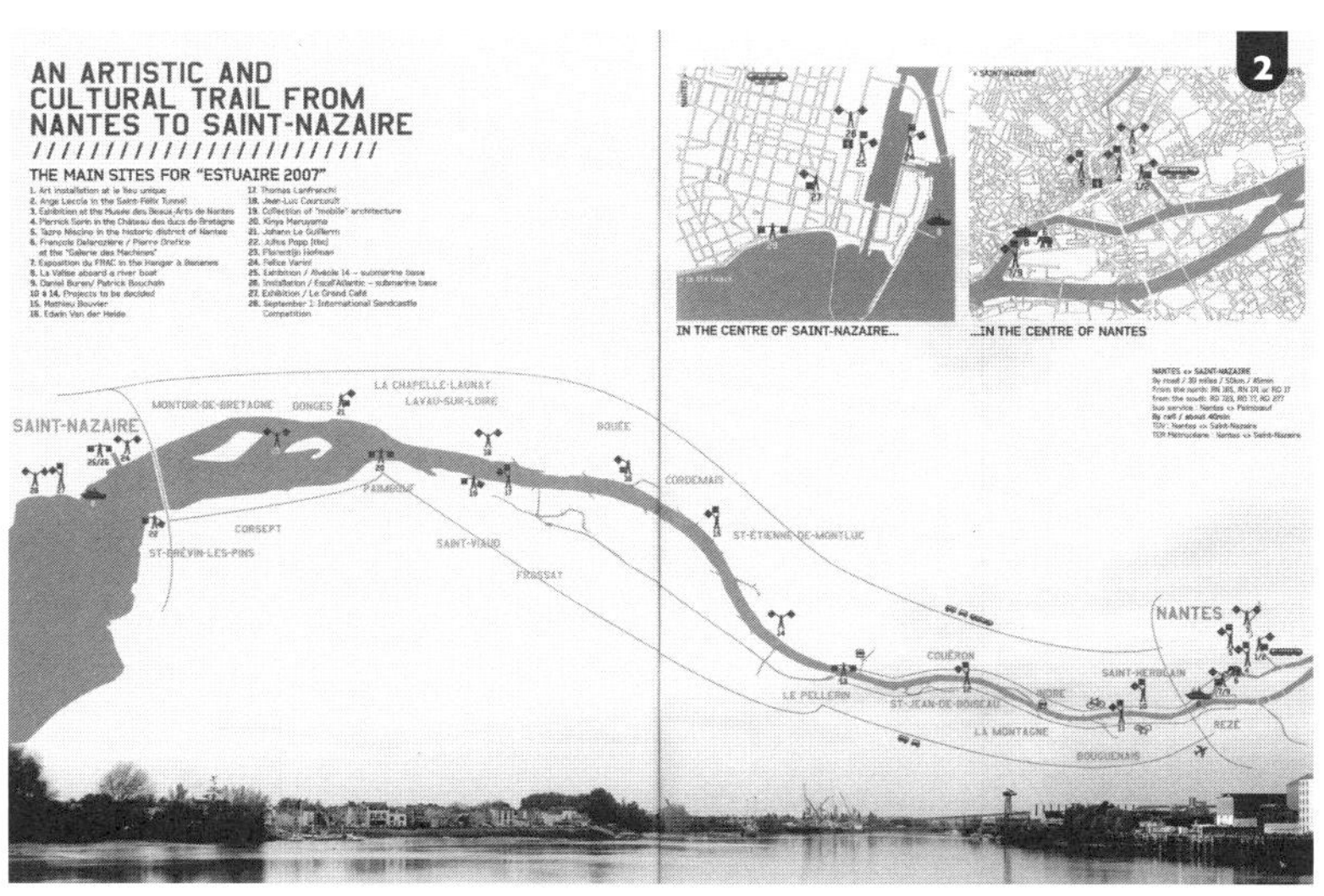

ビエンナーレはロアール川に沿った延長数十kmにもおよび、多くの観光客を呼び込む

行する事業として、00年にはジャン・ヌーベルが設計した裁判所が竣工している。また著名な劇団「ロワイアル・ドゥ・リュクス（Royal de Luxe）」に登場する巨大な人形を制作しているクリエイター集団「ラ・マシーン」の拠点施設である工房とギャラリーも島内に設けられた。代表作である重さ40t、高さ12mの象のほか、動物の姿を模した巨大なアート作品に試乗するべく、多くの人が集まった。

島だけではない。川筋そのものの「文化化」をはかっている。ナントの都心、ナント島から、大西洋に面したサンナゼール市まで、ロアール川に沿った延長数十kmの流域に16ほどの地方自治体があり、広域都市圏をかたちづくっている。この区間の川沿いで、「ロアール・エスチュアリー」と呼ばれるビエンナーレが、07年から開催された。

大型のパブリックアートを配置、公共の遊歩道や河川公園における公共事業のデザインを高めることで、付加価値をつけることが企図された。継続的な開催により、沿岸にアート化された魅力的な風景が並び、新たな観光ルートが誕生した。

洪水があったという記憶を風化させないために流れた家を見せるインスタレーションや、世界最大のラバーダック、潜水艦ドッグのアート化、かつて果物を積み降ろしていた倉庫に巨大なバナナのバルーンを載せるなど、印象的な作品が並んだ。関係者によれば、かつてアフリカからの奴隷貿易の船が往来した川筋の歴史と物語を意識しつつも、アートイベントによって、新たな未来の物語を付与したいと企画したものであったという。1-5

世界最大のラバーダック

地域密着型のフェスティバル都市

ナント市の文化政策にあって重点化されたのが、市民が主体となる文化イベントやフェスティバルの展開である。世界的にも知られているのが、つぎの3つのフェスティバルである。

ひとつ目が、アジア、アフリカ、中南米の映画を上映する「三大陸映画祭」である。1970年代に創設、約3万人を集めるフェスティバルだ。当初は観光のオフシーズンである冬期の催事として、ブラジル音楽祭が企画された。やがて映画の上映が始まる。アジア、アフリカ、中南米を主題とした背景には、先の川筋のアートイベントと同様に、奴隷売買の市が立ったという「負

洪水があったという記憶を風化させないために流れた家を見せるインスタレーション

の歴史」への反省と、未来志向の姿勢がある。他都市の大規模な映画祭では上演されないような良質な映画が上映されることもあって、評価が高い。

ふたつ目が、毎年開催されるアート書の国際見本市、「書籍とアートフェスティバル」である。3日間にわたり、芸術関係の出版社や書店、アーティスト、美術評論家が世界中から参加する。期間中には、専門家の会議のほか、朗読のイベントなどもある。

3番目が、1995年に始まったクラシック音楽のフェスティバルである「ラ・フォル・ジュルネ（熱狂の日）」である。他都市に先駆けて「地域密着型の音楽祭」というコンセプトを打ち出したことで知られている。敷居が高いとされたコンサートの料金を格安に設定、1公演45分と限定するなどの工夫によって、1200名の演奏家が参加、期間中200以

アート化したクルーズ船のイメージ画

上のコンサートが開催されるようなフェスティバルに組み立てた。ベートーベン、バッハ、モーツァルト、あるいは19世紀のロシア音楽、イタリアン・バロック、ロマン派というように毎年、テーマを設定した点も注目され、内外から観光客を集める人気のイベントに育んだ。ナントで提示された音楽祭の枠組みはパッケージ化され、リスボンや、ビルバオ、東京など海外の都市における音楽祭に導入されている。

欧州文化首都
リール3000

→ フランス **リール**

● 国境の城塞都市

フランス北部ノール・パ・ド・カレ地方は、ベルギーとの国境沿いを占める。中世においてフランドル伯（Comte de Flandre）の領地として栄えた歴史があるがゆえに、今日においても「フランドル・フランセーズ」とも呼ばれている。

中心都市であるリール市の人口は、22万5000人ほどでしかない。しかし周辺の87市町村を統合した「リール首都圏」で見ると、123万人の規模を持つフランス第4の広域都市圏である。

「リール」すなわち「島」という都市名は、ドゥール川に囲まれている湿地に立地しているという地勢にちなむ。肥沃な土地柄と交通の結節点にあるという地の利を活かして、13世紀頃から他都市との交易を軸に発展した。毛織物業も盛んになる。中世にあって、リールはブルゴーニュ公の三大主要都市となるが、1477年にはハプスブルク家の統治下となる。その後、堅牢な要塞のあったリールは幾度も戦火に包まれる。なかでもスペイン継承戦争における1708年の包囲戦は有名だ。

駅を境として、旧市街地と新市街地に区分される。リールは国境にある街の宿命として、異なる政治と文化の影響を受けて発展をみた。結果として、歴史的な街並みのデザインには、さまざまな建築様式が入り混じる。

城塞（シタデル）と市庁舎が街の象徴である。合理的なデザインと外観の見事さから「城塞の女王」と呼ばれる城塞は1667年にフランス領となったのち、フランドルからの攻撃から守るために構築されたものだ。1700万㎡の沼地を活かして建設された五角形の稜郭は、セバスティアン・ル・プレストル・ド・ボーバンが手がけたものだ。ボーバンは、稜堡式の要塞築城法を体系化した「城づくりの名人」として著名である。彼は同時に「落ちない城はない」といわれるほどの城攻めの名手でもあった。生涯に150もの要塞を建設あるいは修理し、53の城塞包囲戦を指揮したという。

建築家エミール・デュビュイッソンが手がけた市庁舎は、1932年に竣工した。三角形の切妻屋根が特徴的なフランドル地方の民家を想起させる。花模様の2列柱が並ぶ大ホール、104ｍの高さを有する世界遺産の鐘楼で知られている。

ホテル・カジノ・バリエール

リール駅周辺の再開発地区

● 国際化と都市開発

リールは現在にあっても、北フランスにとどまらず、北西ヨーロッパにおける交通戦略の拠点として機能している。パリ北駅、シャルル・ド・ゴール国際空港、そしてディズニーランド・パリのあるマルヌ・バレ方面からTGVのアクセスがある。加えて国境を越えてブリュッセル方面、さらには英仏海峡トンネルを経由してロンドンへと向かうユーロスターなど、各種の高速鉄道がリールを経由する。1994年、TGV国際線の停車を想定して、既存の駅から数百m離れた場所にリール・ユーロップ駅が設けられた。

英仏トンネルの開通、欧州統一市場の形成、TGV国際線の乗り入れなど、一連の大型プロジェクトを背景に、リールの新駅周辺部では「ユーラリール（Euralille）」と呼ばれる都市開発事業がすすめられた。国際会議場（リール・グラン・パレ）、居住施設、金融・ビジネス施設（クレディ・リヨネビル、世界貿易センタービル）、ショッピング施設、カジノなどのレジャー施設および都市公園などがあいついで建設された。１００haにおよぶ再開発は、近年のフランスでは有数の規模だ。❶❷

●欧州文化首都と「リール３０００」

リールの名を広く知らしめた文化イベントが、２００４年に開催された「欧州文化首都」である。期間中に９００万人もの観光客が訪れ、経済波及効果も高く評価されたという。リールでは、この成果を一過性のものとしないため、06年以降、街全体で展開するアート展「リール３０００」を3年おきに開催することとなった。初回は「ボンベゼール（Bombaysers）」と題して、フランドルとインドとの交流を主題とした。続いて実施された09年の「ヨーロッパＸＸＬ」は、ベルリンの壁崩壊から20年目の節目を意識した企画だ。

中央・東ヨーロッパからトルコにいたる27カ国からなる「広域の欧州」を想定しつつ、ベルリンの壁が崩壊して以降、地図が書き換えられたヨーロッパを「再発見する旅」とい

リール3000「FANTASTIC」、
駅に浮かぶUFOのかたちの造形作品

歪められたファサードの絵

う主題が設定された。イスタンブール、ベルリン、リガ、タリン、ビリニュス、ブダペスト、ブカレスト、ワルシャワ、ルブリャナ、ベオグラード、ザグレブ、サラエボ、モスクワなどに焦点をあてて、各地の先鋭的な文化を紹介するものだ。リールに居ながらにして、西から東へと欧州を横断、都市を巡る経験ができるという趣向だ。

3月14日から7月12日までの4カ月間、展覧会やインスタレーション、コンサート、演劇やダンスの公演、トークショーなどを多数上演、200万人ほどの動員を達成した。1000人が東欧の曲を合唱、上半身が天使で下半身が悪魔の幼児の姿である高さ7mの巨像が30万人の観客のなかを練り歩くパレードが開幕を飾った。欧州諸国の首都を画像・デッサン・映像などを通して巡る「見えない国境展」と、欧州とアジア双方の文化が混在す

イルミネーションが施された公園の樹木

リール宮殿美術館の「バベル展」

る今日のトルコの首都を紹介する「イスタンブール横断展」が目玉となった。

● FANTASTIC

3回目となる2012年の「リール3000」は「FANTASTIC」がテーマとなった。10月6日から1月13日までを期間として、市内随所で700を超える展示やパフォーマンスが実施された。駅にはUFOのかたちをした造形作品が浮かび、街角の建物には歪んだファサードの絵が掲げられている。夜には公園の樹木にアート性の高いイルミネーションが施された。観覧者はパンフレットを手に、街中の随所に置かれた作品を見て歩くかたちだ。リール宮殿美術館では、バベルの塔をモチーフとした作品群を集め、高層建築物を求める

総合文化施設として改修された
旧サン＝ソブール駅

線路が残され、列車の映像が
かつての駅舎の雰囲気を蘇らせる

人類の想像力と限界を示す「バベル展」が開催された。3-6

そのユニークなイベント会場が、旧サン＝ソブール駅という使わなくなった古い駅舎を改修した総合文化施設である。今回の「リール３０００」でも、駅舎や駅構内の跡に多数のアート作品が展示された。かつての線路を残した空間では、列車が走る映像とともに音響の効果で車両が到着する雰囲気が再現されていた。段ボールの素材を活かした迷路、人が中に入ることができる透明の皮膜、電球を用いたインスタレーション、鏡を使った不思議な空間演出など、著名な作家の作品なのだが実に親しみやすい。子供たちも含めて、家族連れの人たちが多くアート空間で遊んでいる様子が印象的だ。7-11

広場にはオブジェのほかに、アーティスト

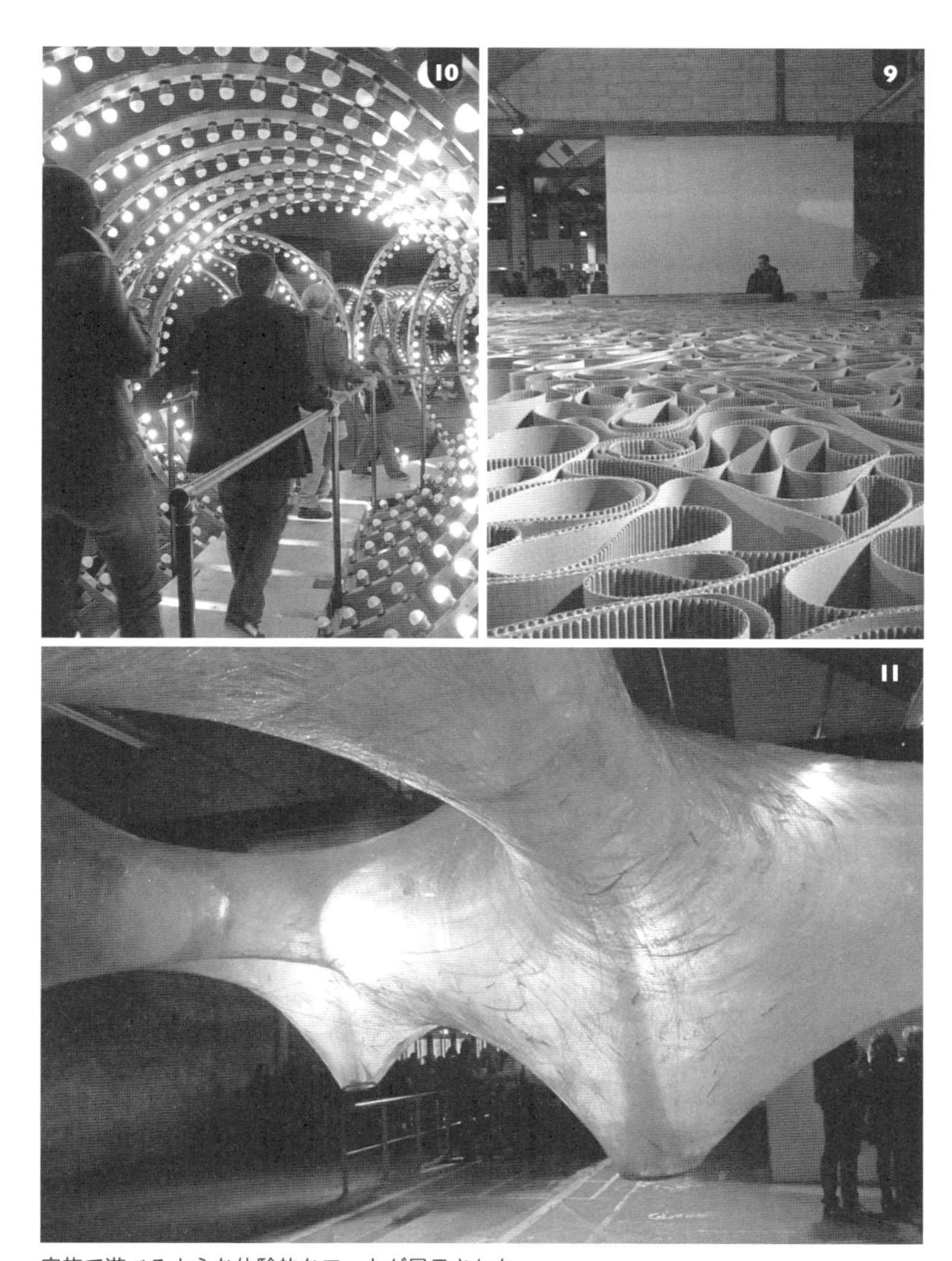

家族で遊べるような体験的なアートが展示された

カフェでのミュージシャンのパフォーマンス

広場のオブジェ

アート化した「お化け屋敷」

「劇団 子供鉅人」によるパフォーマンス

が手がけるお化け屋敷も一作品として出展されていた。「FANTASTIC」という主題を、各アーティストがいかに解釈したのかを比較することができて面白い。カフェ内では、音楽やダンス、演劇が上演されていた。おおさか創造千島財団の支援を得て、大阪を中心に活動する「劇団 子供鉅人(きょじん)」のパフォーマンスも行われた。12 - 16

「欧州文化首都」という巨大イベントで市民が得た経験をいかに継承してゆくのか。リールでは、広域からの集客のある文化イベントを持続することで、文化やアートの力を都市の資産とする試みがなされている。

アジアの文化殿堂
光州ビエンナーレ

→ 韓国 **光州**

● 国家プロジェクトとしてのアジア文化中心都市

光州(クァンジュ)市は、面積は約500㎢、人口147万人を数える韓国南西部における経済・行政・文化の中心都市である。また古くから多数の文人や画家を輩出してきたがゆえに「芸郷(芸術の都市)」の異名もある。1986年に全羅南道(チョンラナムド)から分離して直轄市となり、95年に光州広域市に改称した。

光州広域市では2004年以降、「アジア文化中心都市」を中長期の目標に掲げ、都市の活性化をはかる「アジア文化中心都市造成事業」をすすめている。04年から23年までの20年間を事業期間として想定し、4期に分けて諸々の事業を段階的に推進することで、最終的には文化を成長基盤とする新しい都市開発モデルを構築しようというものだ。

注目するべきは、このプロジェクトが「アジア文化中心都市造成に関する特別法」に基づいた国家プロジェクトとして位置づけられている点だ。政府の文化体育観光部と連携、予算面での優遇や人材面での支援を受けているため、韓国の他都市の文化関連施策とはまったく異なる特例的な事業展開が光州では可能となる。

背景には「アーティストの創造性（文化芸術）を国力拡大に活用・成長基盤とする」という国家的な成長モデルがあるようだ。文化体育観光部は、光州での「アジア文化中心都市造成事業」を具体化するにあたって、「アジア文化交流都市」「アジア平和芸術都市」「未来型文化経済都市」という３つの都市像を示し政策目標として設定した。以下、それぞれの概要を述べておこう。

ひとつ目の「アジア文化交流都市」とは、多様な文化的価値が存在するアジア地域において、国やジャンルの壁を越えて、多様な文化が集まり、研究・教育、文化芸術の創造・交流が行われ、アジア地域の生活をより豊かにする都市のことだ。ふたつ目の「アジア平和芸術都市」とは、文化芸術を媒介に、自由・平和・社会統合の実現を具現化する都市である。最後の「未来型文化経済都市」とは、文化を成長エンジンとした高付加価値の経済を実現する都市を目指すものだ。

20年間の事業を達成することで、生産額における8兆６０００億ウォン（約９１９４億円）の経済効果と11万２０００人の雇用創出の事業効果を産み出すことが想定されている。加えて観光面での経済効果も、2450億ウォン（約262億円）が見込まれている。文化事業や文化関連産業の育成が、新たなツーリズムを生み出すことが事前に予測されているわけだ。

●アートとデザインのビエンナーレ

光州広域市が「アジア文化交流都市」という国家プロジェクトの対象に選ばれた背景には、1995年から実施されている「光州ビエンナーレ」の成功がある。ビエンナーレとは、2年に1度、すなわち隔年で開催される国際的な美術展の意味だ。

「光州ビエンナーレ」は、韓国の独立50周年と、制定された「美術の年」を記念して、韓国の美術文化を新しく跳躍させるいっぽう、光州の文化芸術の伝統とともに、民主化抗争ののちに国際社会に広く知られるようになった民主精神を新しい文化的な価値として浸透させるべく創設された。主催者となる実行組織として「財団法人光州ビエンナーレ」が新設された。実施に際しては、韓国文化省からの資金やチケットの売り上げなどが財源となる。たとえば2008年度などの資料によれば、80億ウォン（約8・4億円）程度の予算規模であるようだ。

「光州ビエンナーレ」は、毎回テーマを設定し、世界中から参加したアーティストの作

「わわプロジェクト」による展示

コンパクトに自転車を駐輪させる装置の原寸大模型

品を光州の街全体を使って表現する構成に特色がある。光州ビエンナーレ・ホールのほか、光州市立美術館・光州郷土博物館などの美術館および劇場や市場など、市内各所でさまざまな作品の展示が行われる。ちなみに各回の主題を列記すると、「国境を越えて」（95年)、「地球の余白」（97年)、「人＋間」（00年)、「止」（02年)、「一塵一滴」（04年)、「熱風変奏曲」（06年)、「年次報告」（08年）となる。

10年には「萬人譜（10,000 lives)」をテーマとして約2カ月間、30以上の国や地域から130組あまりのアーティストの参加を得て実施された。さらに9回目となる12年は、アジアから選ばれた女性6人のキュレーターたちのチームによって運営、「アジアそして女性の目」を主題として実施された。日本からは片岡真美氏（森美術館首席キュレーター）が参画している。財団によると「多様な文化的特性に基盤を置

きつつも、国際的に活動を広げてきたアジア出身の若いプランナー・キュレーターらの多角的な視覚を通し、世界中の視覚文化における事象を幅広く洞察し、新しく追求するべき未来の価値を模索」するために、このようなディレクションの体制を取ったのだという。

05年からは、現代美術に加えて「デザイン」を主題とするビエンナーレも始まる。第4回となった11年は、「design is design is not design」を主題とした。「デザインだといってすべてがデザインではない」という意味合いと理解すれば良いだろうか。44カ国から133人の作家と73の企業が参加した。多数の展示があるなかで、コンパクトに自転車を駐輪させる装置の原寸大模型などが印象的であった。日本の「わわプロジェクト」も参

箱形からパーゴラ状のものまで、さまざまなフォリーが市内に配置された

加、東日本大震災の被災地で活動した「復興のリーダーたち」を紹介する映像インスタレーション、被災地で収集した公共物の展示などを館内で行った。また市内数カ所に小型の建築物を配置する「光州フォリープロジェクト」も実施された。

1-5

「光州ビエンナーレ」は、アジアの地方都市としては画期的な現代アートのイベントであり、都市全体を会場とする先進的なアート・フェスティバルの成功事例として高く評価された。各国からの参加や視察もあいつぎ、各地で実施されている後発のビエンナーレのモデルとなった。しかし現代美術は、実験的な作品が多く含まれるのが常であり、一般の市民にはその意義が十分に伝わらないことも多い。そのため第7回のビエンナーレでは、市

国立アジア文化殿堂「光の森」と題された完成予想図。
2014年に建物が完成、15年にオープンの予定

Illustration by Kyu Sung Woo Architects

民の理解を高めるべく、商店街に芸術作品を展示するといった工夫がなされた。

●「文化発電所」としての「アジア文化の殿堂」

光州市でのアジアの文化中心を目指す一連の事業は、「国立アジア文化殿堂の建設・運営」「文化的な都市環境づくり」「芸術の振興および文化・観光産業の育成」「文化交流都市のパワー強化」の4事業を柱としている。

中核となる施設が、「国立アジア文化殿堂」である。構想にあたっては、新たな文化を創造するとともに世界の文化トレンドを先導する拠点「文化発電所」の役割を光州市に担わせ、アジア文化の創造エ

7

デザイン化された仮囲い

ネルギーを韓国全体、ひいてはアジア全域に供給・発信するといった趣旨が目標に掲げられた。文化事業を、エネルギーの供給と消費システムに例え、光州市と建設中の施設をそのセンターと位置づけている。

文化殿堂の敷地は約13万㎡、1980年の「5・18民主化運動（光州事件）」では、市民側の拠点となった元全羅南道の庁舎を含むかたちで用地が確保された。施設は国際コンペを経て、建築家ウ・ギョンスンの提案が採択された。「光の森」と命名された構想案は、歴史的建造物などが残る地表面よりも施設全体を低く配置するものだ。6

2011年秋に撮影した工事途中の様子では、コンバージョンをはかる歴史的建物の養生用の仮囲いは、デザイン化さ

ガイダンスセンターの中庭

れている。また施設概要を示すガイダンスセンターも、屋上に警官の人形を乗せたり、中庭に巨大なハイヒールや洗濯物のオブジェを置くなど、アートで飾り立てている点が印象的だ。7-9

特別法の枠組みのもと、政府の公共事業である「国立アジア文化殿堂」が着工を果たした。アジアの「文化中心」を目指す光州市の「文化中心都市造成事業」の取り組みは、まだ第1段階（基盤造成段階）の途上である。まだ行政や研究者が中心となっているため、事業の成果が見えないという声が一般市民からは強い。その種の指摘を受けて、行政側では商店街の空き店舗を活用したアーティスト・イン・レジデンスのプロジェクトを開始、市民にも身近で親しみやすい取り組みにも力を入れていくとしている。「住民参加」と

ガイダンスセンターの屋上には
警官の人形が立ち並ぶ

ともに、アーティストなど創造的人材が活動しやすい都市環境の創成が目標に据え置かれている。

光州広域市では、政府と広域自治体が連携しつつ、「アジア」をターゲットに据えることで、独自の文化産業都市の創成をはかりつつある。付加価値を高める文化産業を育成する「創造都市」の具現化を世界の各都市が競い合っているなか、欧州や米国とは異なる独自の成功モデルを示そうという強い意欲と意志が明快である。

ツーリズムの喚起装置
世界博覧会

→ 韓国 **麗水**

●麗水世界博覧会——人間と海の共生

韓国の南西部を占める全羅南道には、総延長6100㎞におよぶリアス式の入り組んだ海岸線があり、「多島海海上国立公園」に指定されている。2000余りの島々が点在し、そのうち4分の3が無人島である。海産物の生産では、韓国内で最も盛んな地域である。

2012年5月12日から8月12日まで、この海岸線の一部を占める麗水（ヨス）市の港湾地区で、「生きている海、息づく沿岸」をテーマ、「沿岸開発と保全、新しい資源開発技術、創造的な海洋活動」をサブテーマとする世界博覧会が開催された。1993年に開催され

「ヨニ」と「スニ」が観客を出迎える

ゲート内の様子

た大田世界博覧会に続き、韓国では2度目となる国際博覧会機構（BIE）認定の博覧会である。

地球の表面積の70％を占めている海は、生命と人類文明を誕生させた「母」であると同時に、地球上の生物の90％が生活する「生命の場所」である。しかし文明による開発と汚染によって、海は大きな痛みを抱えている。麗水市で企画された国際イベントは、これまで人間が忘れていた海の大切さと価値について話し合い、人間と海とが共存する方法を世界の人々がともに模索することをねらいとする海洋博覧会である。

● デジタル先端技術で生まれた「クジラ」

会場面積（展示エリア）は25万㎡、港を利用して会場設計がなされている。メインゲートを入ると、2体のマスコットの像が出迎えてくれる。麗水は韓国語で「ヨス」と読むことから、「ヨニ」と「スニ」と名付けられた。1

海洋博覧会といいつつ、IT先進国といわれる韓国ならではの

大液晶には美しい映像が流され、高い技術力がうかがえる

デジタル最先端技術が随所に生かされている。圧巻は、各国の展示館が入ったエリアの中央通路の天井に架構された「エキスポ・デジタル・ギャラリー（EDG）」である。全長218m、幅30m、60インチテレビに換算すると6324台分にもなる超大型のディスプレイである。液晶ディスプレイの市場を席巻している韓国企業の技術水準を世界に知らしめる施設である。2

日中韓の子供たちが海をテーマに描いた絵を基にした作品や、2015年に予定されていたミラノ万博の告知映像、世界各地の海や都市の風景などが、美しいデジタル映像で流されている。3 4

なかでも注目されるのが、観客参加型のインタラクティブなプログラムである「夢のクジラ」である。博覧会統合アプリケーションをダウンロードして、アーケードの下で入場

観客の写真が集まり、大きなクジラとなって会場を泳ぎ回る

者が撮影した写真を登録すると、大画面を優雅に泳ぐ巨大な鯨の皮膚に貼り付けてくれるのだ。案内係が代わりに写真を撮って登録してくれるサービスもある。天井という大海を優雅に泳ぐ地球最大の哺乳動物に貼り付けられた自分の姿を見つけると誰もが笑顔になる。5 6

天井に巨大映像を見せるアーケードとしては、ラスベガスのフリーモントストリートが先行する。麗水の事例は距離では劣るが、最新の技術を用いた点において卓越する。今後、世界各地のテーマパークやショッピングモールなどにおいて、同様に美しいデジタル映像を見せる大規模なディスプレイ装置が実用化することだろう。

The Big-O、ランドマークのみならず夜にはショーの演出装置ともなる

● ニューメディアショー「The Big-O」

博覧会のもうひとつの目玉が、会場沖の防波堤を陸地とつなげてつくった「The Big-O」と命名された演出装置である。万国博覧会では、水晶宮やエッフェル塔、フェリスホイール、太陽の塔などを例示するまでもなく、会場内にシンボルとなる建造物を設けることが常である。今回の博覧会にあってシンボルとなっているのが、開幕式を始め各種主要イベントの舞台となる港内にそびえ立つ、この構築物である。

水深4・5mから9mの海上にあって、高さ43mのリング状のタワーは、「青い心臓」という呼び名もあったが、博覧会開催後は「The Big-O」の呼称で統一された。「巨大な海」(Big Ocean)を意味するととも

夜のメインショー

に、数字の「0」の意味も託している。海を通して原点からの新たな出発をしようというメッセージが込められているようだ。7

期間中、さまざまなショーが展開された。夜のメインショーは、幅120m、3列の扇形に配置された345の噴水ノズルから、最高70mまで水柱が噴き上がる巨大な海上噴水を前景として、リングを使った水と火と光のショーが展開された。円形の枠から噴水のほか、火焔や照明が回転しながら周囲に放出される。自然の中でホログラム映像を水に投射する試みは、世界で初めてだそうだ。レーザーを組み合わせた先例のないダイナミックな演出が売り物のニューメディアショーである。制作には、フランスW杯の開幕・閉幕式、エッフェル塔のニューミレニアムショーを担当した「ECA2」、ラスベガスのベラージオホテルやミラージ

ダイナミックな演出で人気を博したショー、万博の夜を彩る

ュホテルの人工火山、ドバイのブルジュ・ハリーファの噴水などを企画・演出・製作したアメリカの「WET」社が参加している。開演の2時間も前から、人々が場所取りをするほどの人気であった。8-10

● 海洋とのつながりを表現

麗水世界博覧会では、連日、さまざまなパフォーマンスが展開されていた。筆者が出向いた日には、大きな人形が観客を楽しませ、柱の上に静止してみせるアーティストが人々の喝采を浴びていた。11 12

会場内には、テーマ館、韓国館、サブテーマ館（気候環境館、海洋産業技術館、海洋文明館、海洋都市館、海洋生物館）、アクアリウムなどが開設された。また各国が展示する国際館のほか、韓国の大企業による単独展示館も建設された。

主要なパビリオンを紹介しておきたい。テーマ館は麗水世界博覧会の主題である「生きている海、息づく沿

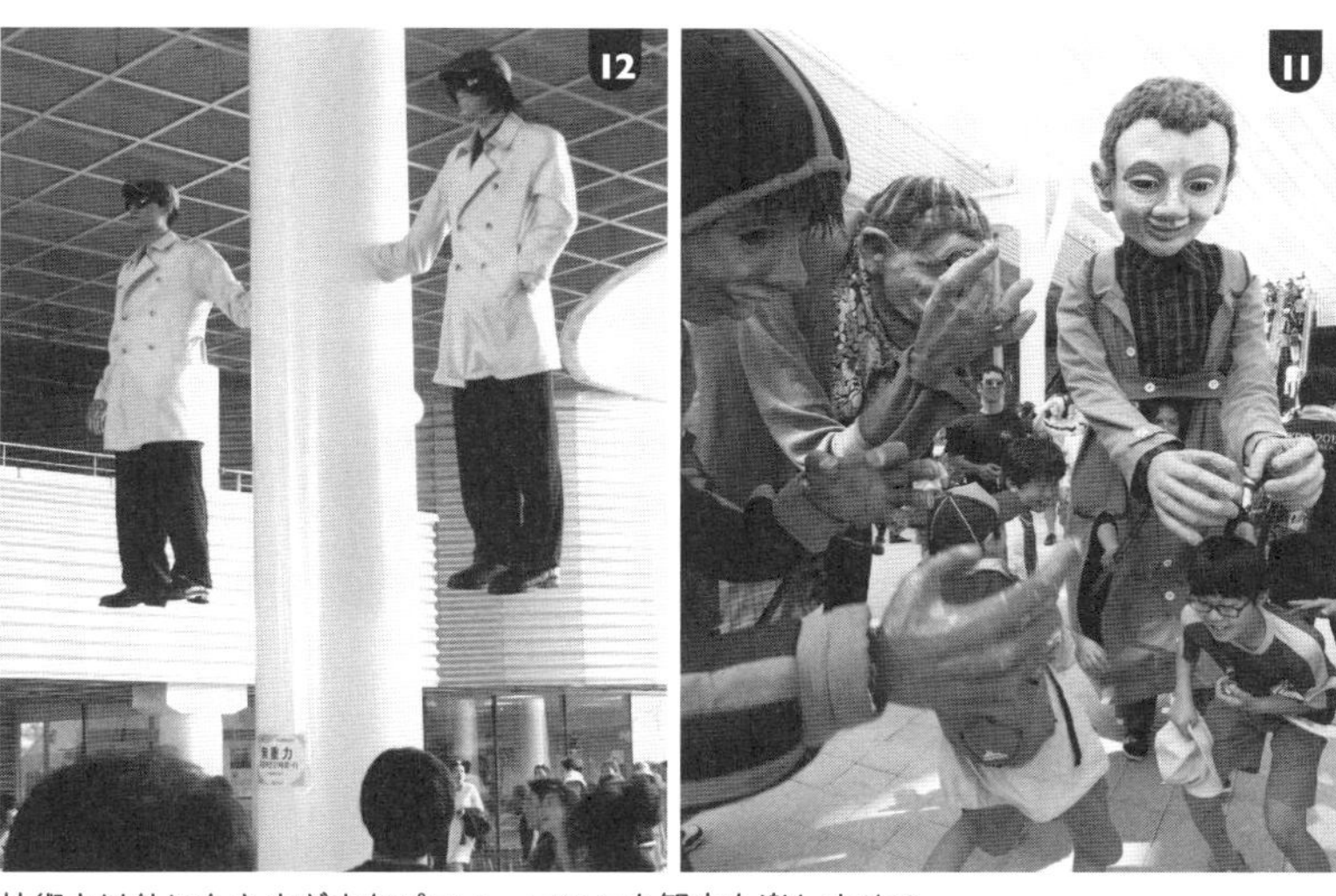

技術力以外にもさまざまなパフォーマンスも観客を楽しませる

岸」を可視化する展示館だ。メインステージからはThe Big-Oの彼方、会場から海に伸びた堤の先に、「世界最初の海上展示館」をうたう銀色の島のような外観が遠くに見える。入口前に巨大なシャコ貝の造形がシンボルとして置かれている。プレショーでは、マングローブの林を再現した壁一面に広がる画面にCGのジュゴンが登場、観客とやりとりをする。メインショーは、汚れきった海を浄化するための少年とジュゴンの冒険譚を見せる、映像と連鎖した舞台であった。13

主催国である韓国のパビリオンは、「韓国人の海への思いと海洋産業力」をテーマとし、「奇跡の海から希望の海へ」というメッセージを伝えるものだ。展示館は、韓国の国旗にもなっている「太極」の図像をもとにデザインされた。俯瞰すると象徴的な図像が、建物のかたちに立体的に表徴されていることがよくわ

セメント貯蔵庫を
「世界で一番大きな音を出す
パイプオルガン」に転用

水辺に水平に広がる会場構成、
象徴的にThe Big-Oが建つ

かる。プレショーでは、映像とパフォーマンスによって、太古から現在まで、韓国の人々がいかに海と向きあってきたのかを表現する。メインショーである映像館では、世界最大規模の高さ15m、直径30mの円形の全周スクリーンに、現在から未来に向けた韓国の海洋を紹介する。麗水近郊に展開する多島海の風景、丸い小石が敷きつめられて形成されたモンドル海岸など、韓国の沿岸に特徴的な海洋の美が印象的だ。

会場内のランドスケープにおいて特徴的な存在が「スカイタワー」である。高さ67mの展望台は、使わなくなったセメント貯蔵庫を再活用したものだ。外装を兼ねて、波の紋様をもとにハープのようにデザインした巨大なパイプオルガンを設置した。パイプオルガンは毎日、博覧会の開幕・閉幕の時間を知らせ、また参加国の国歌なども演奏した。「世界でいちばん大きな音を出すパイプオルガン」としてギネスブックに登録されたものだ。14

現代自動車館。企業パビリオンでは最新技術を体験することができる

海洋技術のディスプレイ

会場の一角に、韓国企業のパビリオンが集まるエリアがあった。サムスン、LG、ロッテ、現代（ヒュンダイ）など、日本人にもよく知られた7つの企業館が並ぶ。

「LG企業館」では、目で見た色をそのまま採取して化粧ができる「メディアペン」、フクロウの目に着眼した暗闇を明るくする「メガネ型照明装備」など、2050年には実現されるであろう、未来の製品を体験できることが売りだ。

「現代自動車館」は、内部に設けた巨大なスクリーンをガラス張りの外部にも見せる外観が特徴的だ。メインショーでは、白い壁を3500個の小さなブロックに割り、それぞれがダイナミックに前後に駆動して、立体的な文字や図像を見せる演出が圧巻であった。15 16

いっぽう大宇（デウ）造船の海洋ロボット展示館は、最新ロボットを70体以上も集めて紹介する「人気館」であった。エントランスにある女性型アンドロイドの「EveR-4」や表情の豊かなロボットのダンス、サッカー・ワールドカップを目指す「ロボカップ」で優勝した

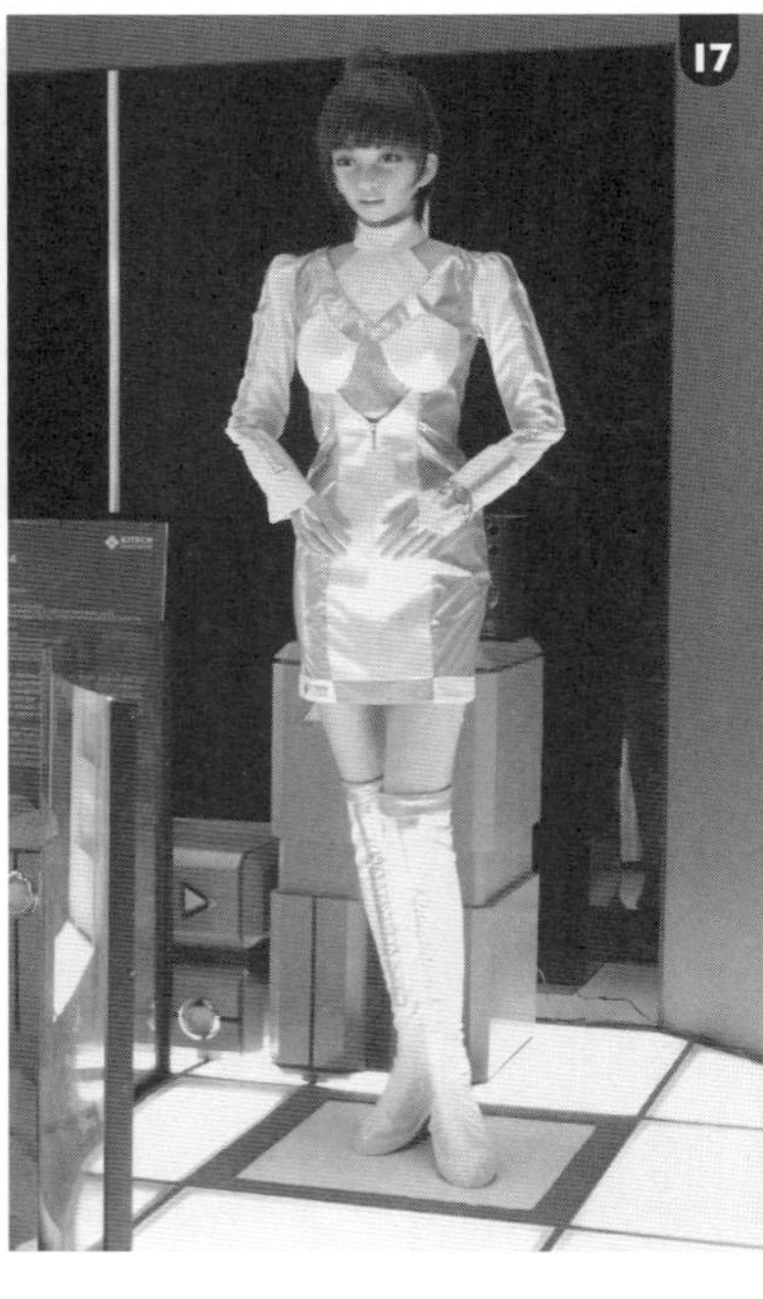

人気館。リアルなものからコミカルなものまでさまざまなロボットが展示されている

ロボットたちによるサッカーの試合なども行われた。17 18

同館のメインショーは、2040年の水深6000mの深海を舞台とする。体長6・5mの「ナビ」を始め、資源探査や鉱物採掘を専門とするロボットたちが海底で活躍、資源の枯渇にあえぐ人類に新たな希望と可能性を提示する様子をCGで上演する。本物の魚のように動く知能型ロボット魚「フィロ」の展示もあった。「フィロ」はフィッシュ（Fish）とロボット（Robot）の合成語である。内外部に8個のセンサーがあり、障害物をみずから避けながら水槽内を遊泳する姿を見せていた。

●多島海のなかの日本

国際館。屋根には水が流れ、
緑化が施されている

日本館。震災なども含めて海に関しての
展示が3つのゾーンにわたって展開される

博覧会に参加した世界105カ国の展示が展開されるのが国際館である。会場内で最大規模の建物は地上3階建て、延べ面積は5万7500㎡、展示空間は3万2306㎡の広さがある。

外観は霧のなかで浮かぶように見える多島海の島々を形象化したものだ。島の稜線のような屋根部分には、水を落とすもの、および緑化を施した部分もある。各館には、大西洋、太平洋、インド洋の3つの大洋別にそれぞれの国家展示が配分された。19

各国が展示を競うなかに日本館がある。外壁に設置されたスクリーンには、東日本大震災の被害住民が世界各国の支援に感謝する気持ちを盛り込んだメッセージが上映された。日本館の面積は1064㎡、3つのゾーンに分けられている。20

「ゾーン1」では、森や里と海がつながりを持つことで、美しく豊かな海が育まれている様子を紹介するとともに、東日本大震災で津波が襲う映像も投影される。

「ゾーン2」は、舞台と映像とを組み合わせたシアターである。主人公は、大津波によって家族や家を失ったひとりの少年「海（カイ）」である。彼が乗る「白い自転車」が、空に飛び立ち、被災地だけではなく森や海を駆け巡り、復興と再生に向けて立ち上がる人々の生命力に触れる。がれき風の舞台セットと絵本型スクリーン、アニメを交えた抒情的な演出が印象的だ。

被災地の人々が失意を乗り越えて、たくましく再起する姿を、ひとりの少年の経験として見せるものだ。絵本のなかのファンタジーという想定だが、物語に組み込まれたエピソードには、震災時の実話も挿入されていた。

「ゾーン3」では、豊かな海づくりに向けた日本の取り組みを紹介する。地球表面温度の変化などを見せる「地球スクリーン」のほか、水深6500mまで潜ることができる有人潜水調査船「しんかい6500」、太陽光や風力、LNG（液化天然ガス）を主とした燃料電池といった新エネルギーを利用した未来の環境配慮型輸送船などの展示があった。大震災と津波の脅威と復興・再生に向けた姿勢を示すとともに、国際社会から寄せられた日本への支援に対する謝意を表明する構成だった。

●万国博覧会とツーリズム

博覧会は、ツーリズムを喚起する。歴史をひもとけば一目瞭然だ。そもそも万国博覧会は、19世紀、ロンドンやパリなどの大都市に、世界中のさまざまな産品を集める国際的な産業見本市として創案された。

実用化された工業製品や農林水産業の産品、生活を根幹から変える最新の発明品、民族色豊かな各国の芸術や工芸、流行の消費財などが、国境を越えて世界各地から集められ、博覧会場に展示、優良なものの表彰が行われた。

期間を限った博覧会場は、大都市に仮設された「世界の縮図」、ないしは「地球の縮図」である。今日のように諸外国の情報を瞬時に入手することが不可能だった時代、博覧会場では、産業の最新の情報を入手し、世界各国の産品を比較し、そして見たこともなかった異質な文化に触れることが可能であった。だからこそ多くの人々が、学習や視察、さらには商談のために、地方からわざわざ大都市に出向き、博覧会場に足を運んだ。

20世紀初頭にあって、博覧会というイベントは、都市型観光に不可欠な集客装置という位置づけを得る。産業見本市であった博覧会場は、流行の商品や最新のアイデアで満たされた。大量生産と大量消費を前提とした現代都市の縮図である。加えて、美術館や水族館などの展示、ダンスや見世物などの余興、夜景を演出するイルミネーション、飲食店の集積もある。博覧会場には楽しみを求めて一般の人も多く訪問するようになった。

事情は今日にあっても変わらない。21世紀を迎えて以降、万国博覧会は地球環境問題や都市や地域の課題を主題とする例が増えたが、ツーリズムを喚起するイベントという役割はこれからも変わるものではないだろう。

土地を味わうフードデザイン

農業見本市

→ フランス パリ 1

● 都市とフード・ツーリズム

観光とは、土地を味わうことでもある。食を活かした観光を、「フード・ツーリズム」と総称する。さらに「フード・ツーリズム」は、「ガストロノミック・ツーリズム」と「キュリナリー・ツーリズム」のふたつに区分される。

前者の「ガストロノミック・ツーリズム」は、「美食学（ガストロノミー）」を特定の国や地域に結びつけて強力な観光マーケティングを行うものである。いっぽう後者の「キュリナリー・ツーリズム」は、ユニークで記憶に残る食体験、農家訪問、料理教室、市場巡り、グルメ食品の買い物、フード・フェスティバル、ワイナリー・ツアーなどを指す。

世界の主要な都市を探せば、「すばらしきフードトレイル」（ダブリン）、「フーディー・ロンドン」（ロンドン）のように、都市のプロモーションにおいて、食文化を前面に打ち出して展開する先例は多い。またチョコレートに特化したニューヨークの「NYC New Cuisine Chocolate Tour」のように、その都市固有の食文化を打ち出す試みもある。

● パリ・デ・シェフ

パリではどうか。いうまでもなくフランスは、美食術や美食学、いわゆるガストロノミーの母国である。単に優れた食材や名物料理があるというだけではない。料理や飲食という行為を軸として、レストランのしつらいとなる建築や芸術、食事の際のマナーや音楽、派生する文芸や健康観、ライフスタイルの創造など、総体としての美食文化を世界に広めることに成功した。ガストロノミーとは、料理を中心としてさまざまな文化的要素で構成される体系である。パリという都市が、ガストロノミーの中心であることは明らかだ。

パリでは、美食に関する催事がしばしば企画される。ワインやチョコレートの見本市も有名だが、ここでは２００９年に実施された「パリ・デ・シェフ」を紹介したい。「パリ・デ・シェフ」は、約３０００社が出展、インテリア見本市としては欧州最大級である

「メゾン・エ・オブジェ」のアトラクションのひとつとして創始された。

主たるイベントは有名シェフによるデモンストレーション「レ・デュオ」である。アメリカ、スペイン、イタリア、ブラジルなど諸外国から招聘された人も含めて、20人を越えるシェフが料理について語る。ユニークなのは、食に関するプロである料理人が、他分野のクリエイターである専門家たちと対となって、文字通り「デュオ」として舞台に上がるという趣向だ。映画監督・俳優・建築家・画家・ミュージシャンなど、ペアとなる人たちの職種もさまざまだ。たとえばオーナーシェフが彼の店を設計した建築家と対話を行ったり、著名レストランのシェフが常連客である女優と語り合うといった企画が行われた。気心の知れたクリエイター同士の対論というわけだ。トークの内容も、料理の味や食材に関する蘊蓄(うんちく)だけではなく、色彩・かたち・音・言葉・匂い・仕種など、多岐にわたり、なおかつ五感を刺激するものとなる。

ユニークな発想ではないか。13年の「メゾン・エ・オブジェ」のプログラムを見ると、「Food & Architecture」と題する座談会が記載されている。「シェフと建築家　感情を構築する」という副題も印象的だ。文化的な料理イベントという「レ・デュオ」の発想が、今日においても継承されていることがわかる。

料理とは、料理人自身の自己表現であり、いわばトータルとしてのデザインである。フランスでは「デザイン・キュリネール(Design culinaire)」、いわゆる「フードデザイン」という概念が定着しつつある。料理やパティスリーそのもののデザインだけではなく、飲食する場の空間デザイン、テーブルコーディネートはもとより、料理に関わる音楽やファッションも含めた統合的なものとして食文化を捉えようという視点だ。食文化に依拠する観光誘客の範囲に、「フードデザイン」を前提とした「フードデザイン・ツーリズム」という概念を新たに加えることも可能だろう。

●農業のフェスティバル

食材に関しても、パリにはユニークなイベントがある。ここでは「国際農業見本市」を紹介したい。そもそもは農業関係者向けのビジネスショーだが、アトラクションや飲食ブースも充実しており、一般の人々も大勢訪れる。教育ファームの代わりとして、子供連れで訪問する家族も多いのだそうだ。毎年恒例の風物詩であり、冬のパリを代表するイベントである。

筆者は11年2月に視察する機会があった。会場はポルト・デ・ベルサイユ駅に隣接する巨大な展示場だ。展示棟ごとにテーマが設定されている。フランス各地の農産品のほか、畜産関連、花卉、ガーデニング、ペット関連、農業と料理、農業と環境保護、農業訓練、農業関連技術と多岐にわたる。馬の展示棟では、ロデオの実演や品評会もある。フランスが想定している「農業」の範囲は広く、かつ多様だ。大手食品メーカーの出展などもあ

パリという大都市に集められた2000頭以上のさまざまな「食材」たち

り、東京ドームの10倍ほど広さがある会場を「農」に関するあらゆる展示が埋めつくす。もちろん「食」に関する出展も多い。世界各地の飲食を楽しむ飲食店のエリアもある。

1-3

壮観なのが2000頭以上の、牛、羊、豚、家禽など、さまざまな家畜が展示されたメインとなる展示棟「パビリオン1」である。兎や鳩のコーナーもある。食材となるということだろう。いかにもフランスらしい。棟内に入った当初は鼻につく匂いが気になるが、すぐに慣れる。品種ごと、産地ごとに区分され、視界のおよぶ限り、牛や羊が並んでいる。その存在感に圧倒される。品評会で優勝した良質の家畜が集められており、また館内では実際に品評を行うイベントも実施されているようだ。ひとくちに肉牛や食用の豚といっても、これほどまで

2

3

に多様な種があるということに驚かされる。乳牛や肉牛も、ホルスタイン種、ボージュエンヌ種、ノルマンディ種を始め、フランスを代表する30を超える品種が展示されていた。顔つきや体格、肌の色合いや角のかたちが、さまざまにあって面白い。

国際農業見本市は半世紀の歴史を数えるイベントである。２０１２年の資料を見ると、９日間の来場者数は68万人を数えている。何よりも大都市にある巨大な展示会場に何千もの家畜を集めるという発想が面白い。加えて、生産者の消費者への想いを感じることができる催事である。豊かな食材を生産している産地の誇り、生産者が食材に託している想いを、消費地である大都会で示す国際農業見本市は、国土の半分以上を農地が占め、農業に対する想いの強い国民性を誇る農業国フランス独得の都市型イベントなのだろう。

祝祭が終わった後に

残された都市装置

→ イギリス **ロンドン 1**

● オリンピックが残した都市装置

２０１２年、ロンドンオリンピック開催時、市の中心を占める金融街シティ地区の要所に、民間事業者によって新型の資源回収ボックスが多数、配置された。側面に設置されたＬＣＤ画面に、企業広告や株価情報を表示するべく工夫がなされたもので、情報端末を兼ねた「スマートなゴミ箱」として話題となった。

このゴミ箱は「スマート」なだけではない。仮に爆弾が投げ込まれて爆発しても壊れないほど、十分な強度を保有している点も注目された。新しい広告媒体かつ情報提供端末という役割に加えて、テロ対策の機能も付加された強化型であったわけだ。

しかし都心に集中的に据えられたハイテクのゴミ箱は、他の機能も有していた。近くを歩く人が持っているスマートフォンの情報を把握できる装置を内蔵しているというのだ。複数地点の情報を精査すれば、誰がいつ、どこからどこに通過したのかを追跡することができる。オリンピックの当時、国際的なテロ組織の活動が懸念されたがゆえに実現したアイデアである。

実施された社会実験では、12日ほどの期間に総計53万件以上のスマートフォンが捕捉されたという報告もある。端末となるゴミ箱の数を増やし、システムを高度化させれば、誰がどの店でどれほど滞在、どのオフィスに出入りしているのかなど詳細の行動履歴がわかるようになるだろう。さらに店内での消費に関する情報も重ね合わすことができれば、買い物や飲食の場所、個人の好みなども、分析することが可能になる。

以前、『マイノリティ・リポート』というSF映画で例示された近未来の社会を想起するところだ。誰もが商店街

個人情報まで収集して問題視された
「スマートなゴミ箱」

を歩くと、個人情報がおのずと把握され、屋外の映像スクリーンが、その人の買い物傾向や嗜好に添った商品を推薦してくれるという場面が実に印象的であった。ロンドンの「スマートなゴミ箱」は、高度情報化社会と高度消費社会の行方を予想させる路上の装置である。

ところが実際は、オリンピックの際、「スマートなゴミ箱」の実態が広く知られるようになり、多くの苦情が寄せられた。スマートフォンを捕捉することで、個人情報を集めている点が問題視されたようだ。結局、シティの自治体は、通行人の動きを記録する機能を停止するように求めざるをえなかったようだ。

２０１４年３月に現地で確認した際には、設置した企業名のみがパネルに掲示されていた。もっともＩＣＴが進化する今日、ストリート・ファニチュアに限らず、今後も公共空間にあって個人情報を捕捉するシステムは、いっそう多様化し、なおかつ進化するはずだ。すでにロンドンでは都心部に入る自動車に課金するシステムがあり、街頭の随所にナンバープレートを撮影するカメラが据え付けられている。

外部から多くのツーリストを受け入れる場合、都心の安全と安心を確保することがよりいっそう重視される。そのためにもビッグデータを捕捉するネットワークが今後、都心に重点的に配備されることになるのであれば、この種の装置もロンドンオリンピックがもたらした新たな都市デザインのひとつとみて良いのではないか。

オリンピックのレガシー

ロンドンの場合、オリンピックの誘致が、一連の都市再生事業のひとつとして位置づけられていた点が注目される。主会場として市街地東部、いわゆる「イーストエンド」のうち、ストラッドフォード（ニューハム区）を中心に、ボウ（タワーハムレット区）、レイトン（ウオルサム・フォレスト区）、およびホマートン（ハックニー区）と4つの特別区にまたがるリー川沿いのエリアが選定された。ストラッドフォード駅近傍の貨物駅や操車場、車両工場が広がっていた地域であり、タイヤなどの産業廃棄物も課題となっていた地所である。

イーストエンド地区とは、中世に築かれたロンドンの城壁の外であり、なおかつ、テムズ川の北側一帯を指す。曲流した河川に面して多くのドックが建設され、船舶の修理や造船に関する産業が集積した。19世紀後半、ロンドンの人口が急増した時期に、この地域に貧困層が集住するようになる。ホワイトチャペル地区とともに、1888年に発生した「切り裂きジャック」による売春婦の連続殺人事件の舞台となる。アイルランド系やユダヤ系の市民が多く居住、20世紀になると衣類の製造工場などに従事するバングラディシュ系の住民も増える。近年はさらに多くの移民が集まる。貧困に加えて過密と犯罪が問題となった。

いっぽうで廃棄物処理場や、ロンドン市の電気を賄う発電所などの産業施設が集中、土壌汚染に関する問題も深刻化していた。治安の向上とともに、不衛生な環境の改善も課題とされた。都心から比較的、近距離にあるにもかかわらず、「東の端」と揶揄され、何かと評価の低い地域とされていた。

このように課題が多いエリアだが、先行してドックランズ、カナリーワーフなど、世界的に認知される再開発事業が竣成した。しかしストラッドフォードの界隈は取り残されたままになっていた。そこにあって世界的なスポーツイベントをこの地で開催することで、散見された一連の都市問題を解決する端緒としようと考えたわけだ。

ロンドン市が追求した大会計画の最大の特徴は、「オリンピック前にオリンピック後をデザインする」、いわゆる「レガシー・プラン（遺産の計画）」に重きを置いた点である。地域を世界的に著名な場所とするべく、「イーストエンドを地図に載せよう」という言葉が、キャッチフレーズとして用いられた。要は、都市再生がオリンピックの計画立案にお

五輪前から終了後を想定した開発が計画されていた

ける重要な意義となり、またロンドンが選ばれるうえで評価された点ともなったわけだ。

開催に向けて、会場にアクセスする手段として、地下鉄やライトレールの延伸など交通網が整備された。そのゲートとなる駅のひとつが、ストラッドフォード国際駅である。２００６年４月に開業した新駅は、将来的には、英国と大陸とを連絡するユーロスターの新たな停車駅とすることを想定して建設された。イベント用に整備された移動手段も、広域の交通計画ネットワークを再構築する構想のなかに位置づけられた。

ストラッドフォード国際駅周辺は、オリンピック跡地における都市再開発の中心となる場所である。かつての選手村を利活用した２８１８戸に加えて、新たに集合住宅を建設、総戸数８０００戸規模の集合住宅群「イースト・ビレッジ」を整備することとなった。加えて欧州最大規模のショッピングモールや学校、オフィスを建設、大規模な複合再開発が進行している。商業施設内には、ホテルやロンドンで最大級のカジノもテナントとして入居している。2-5

●賛否にわくシンボルタワー

オリンピック会場の建設にあたっては、一帯の汚染された土壌を入れかえ、なおかつ外来種を除去、英国原産植物だけに改めて、かつての植生を再生させることが企図された。イベント終了後も、さらなる緑化がすすめられ、「オリンピック・パーク」として再整備がすすめられることになっていた。その後、２０１２年に女王の即位60周年の奉祝という意味合いから、公園の名称は「クイーン・エリザベス・オリンピック・パーク」に変更された。

公園内にあって、オリンピックのために仮設された水球の競技場など一部施設はすでに解体されたが、主要な建築物は手を入れて再利用が予定された。開会式や閉会式が実施された「オリンピック・スタジアム」は、開催時には8万人を収容した巨大なスタンドを改築して縮小、6万人収容の競技場として再開された。15年にはラグビーのワールドカップ、17年には世界陸上競技大会の開催が決まっている。併せて16年夏以降、サッカープレミアリーグのウエストハム・ユナイテッドFCの本拠地として利用される予定だという。

水泳競技が実施された「アクアティクス・

試合会場もオリンピック後は市民に開放。アクアティクス・センター

センター」は、ザハ・ハディドが設計を手がけたもので、曲線を描く屋根が特徴的だ。観客席を解体、規模を縮小しつつ、一般市民も利用できるプールとして開放された。6

女王の名を冠とする跡地の公園にあって、シンボルとなっている建築物が高さ114・5mの展望塔「アルセロール・ミッタル・オービット」である。ムンバイ出身の彫刻家であるアニッシュ・カプーアとスリランカ出身の建築構造の専門家セシル・バルモンドがデザインを担当、1400tもの鋼鉄が用いられた。螺旋状の通路を組み合わせたような動的な造形が特徴的である。7

会場計画にあたって、イーストエンドの風景を際立たせ、ロンドンっ子と来訪者に好奇心と驚きを与えるような「何がしか特別なもの」が必要だと市長は考えたという。この意向を踏まえて、2009年に「オリンピック塔」を題とする設計コンペが開かれた。「少なくとも100mの高さを持つ塔」であり、なおかつエッフェル塔に匹敵する「象徴的建物」が求められたという。

諮問委員会は50ほどにおよぶ多様なタワーの提案から、「オービット」と題する実施案を選定した。絶え間ない道程、すなわちオリンピックに出場する選手たちが向上しようと努める並外れた努力の足跡を「軌道」という言葉に託したというわけだ。加えて、110万ポンド（当時約28億円）という事業費の大半を負担した、世界最大の鉄鋼会社アルセロール・ミッタル社の名を冠とした。ちなみに落選した候補のなかには、「オリンピック・マン」という名の鋼鉄製の巨人像などがあったという。

設計者はバベルの塔に影響を受け、また運動している原子軌道をイメージしつつ、不安定ながら自身を安定的に支える「決して中心を持たず、決して直立しない構造」を産み出したという。ロンドンでのオリンピックを恒久的に記念するべく、金融危機のさなかに計画されたこの英国最大のパブリック・アートの奇抜な意匠に対しては、賛否両論が寄せられた。バベルの塔とエッフェル塔に加えて、ソ連時代に構想された「タトリンの塔」を融合させたような造形を称賛する意見や、五輪後にロンドンの観光名所となると予測するなど肯定的な評価もあった。いっぽうでそのデザインを批判、「2台のクレーンの破壊的衝突」「1900万ポンドをかけたジェットコースター」「巻きついたスパゲッティ」「恐ろしいのた打ち回り」「錯乱した子供のおもちゃ」「パブリック・アートのゴジラ」などの悪評もあったようだ。『ガーディアン』紙のオンライン投票では「立派なデザインか」という問いに対し、38・6％が支持したが、61・4％が「いいえ、ガラクタです」と答えたという。

世界最大の多国籍企業の広告塔でもあるこの異形のタワーは、世界初の「持続可能なオリンピック」とうたわれたロンドン五輪の象徴として、長く市民に愛され続け、なおかつ観光客を集め続けるランドマークになるのだろうか。あるいは支持を得ることもなく、いずれ無用の長物となる運命を迎えるのか。いずれにせよ、時間の評価を待たなければならない。

7

賛否両論のタワー、ランドマークとなることはできるのか

PLATFORM 9
Premier In
NIQUE DINING EXPERIENCE
AWAY2SERVICE

03

地域資産の再生

ありのままのデザイン

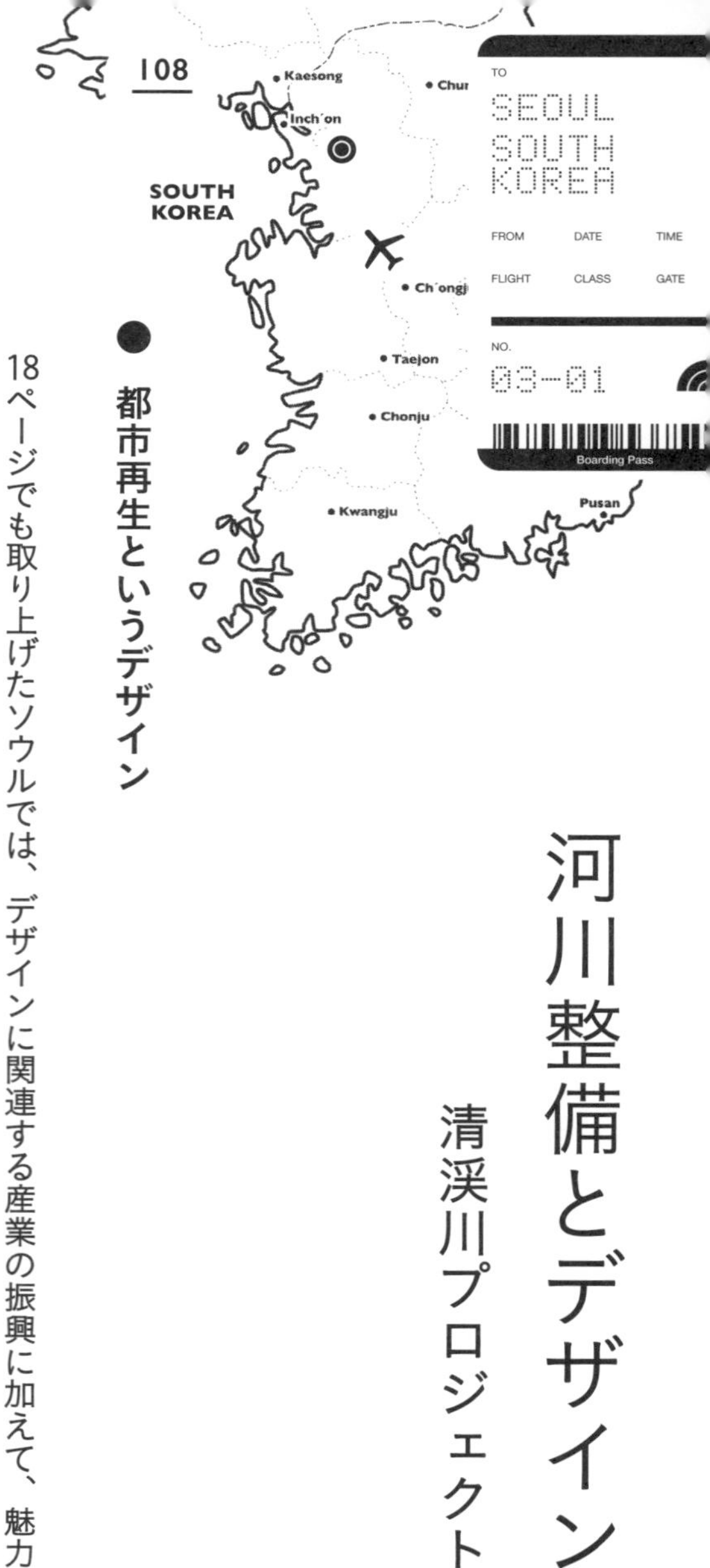

河川整備とデザイン

清渓川プロジェクト

都市再生というデザイン

18ページでも取り上げたソウルでは、デザインに関連する産業の振興に加えて、魅力的な都市インフラの整備や都市再生事業にも力を入れている。個別の空間デザインや環境デザインといった枠組みだけではなく、都市の環境改善、さらには都市デザインを向上させる行為の総体をもって、「デザイン首都」の根幹とするというコンセンサスが市役所の各部局にあるようだ。

復元された清渓川。世界が注目している

なかでも、ソウルの都市再生の取り組みを世界的に知らしめた事業が清渓川(チョンゲチョン)の改修工事である。2005年10月1日、総工費3867億ウォン(約420億円)、3年の歳月をかけてすすめられたプロジェクトが完成をみた。地上および高架の道路を合わせて10車線分を撤去すると同時に、コンクリートで覆われた長さ5・8㎞ほどの暗渠を、表層を流れる清らかな川筋に改めた。

高架道路を撤去する事業は米国や欧州の諸都市でも先行事例があるが、道路の解体と同時に、せせらぎを復活させる複合的な都市再生事業は例がないのではないか。

● 下水を道路に

首都という意味を持つ「ソウル」の歴史は、14世紀にまで遡る。朝鮮王朝の初代となった太祖が漢陽（ハンヤン）（現在のソウル）を首都と定め、1395年、第3代の王である李太宗がここに遷都を行った。清溪川は古くは開川（ゲチョン）といい、仁王山や北岳、南山など首都を囲む山々の湧き水を集めて、市街地を西から東に流れていた。同時に周辺住民の生活排水が流入する下水という役割を、古くから担っていた。

普段は水量が少ない。しかし大雨があると氾濫し、また山々から大量の土砂が流入する。歴代の王は、しばしば浚渫を行い、また水路を拡幅してきた。たとえば英祖（ヨンジョ）は、1760年2月、約20万人を集めて、浚渫とともに、蛇行していた水路の直線化工事に着手した。鍾路（チョンノ）と乙支路（ウルチロ）の間に流路を持つ現行の姿にあるように、このときに東西にほぼ一直線に流れる川となったようだ。その後も、2〜3年ごとに1回ずつ、浚渫工事が定期的に実施された。

下水道ではあるが、近隣の主婦が洗濯を行い、また子供たちが日常的に遊ぶ、人々の生活に近しい河川であった。日本の統治化において、農地を奪われた農民たちは、堤防沿いに板子（パンジャ）と呼ばれる不法住居を密集して建設した。梅雨時分になると汚水が溢れだし、流域の家屋は浸水するとともに伝染病が発生した。

都市衛生と治水の意味もあって、総督府が1935年に取りまとめた「大京城計画」では、清渓川の下水を暗渠化、川に蓋をして道路とし、併せて高架鉄道を建設する構想が示された。しかし事業計画は、財政問題と朝鮮鉄道局の反対によって挫折、鉄道の併設は断念した。代替として下水の暗渠化計画が具体化、37年からの5カ年で実施される。この時、光化門交差点から広橋まで約400mの区間が完成している。

しかし戦争の激化と第2次世界大戦後の混乱のなか、事業は頓挫する。49年に広橋から永尾橋に至る13㎞の浚渫が行われたが、暗渠化には至らない。翌年、朝鮮戦争が勃発、本格的な覆蓋工事は58年の再開まで待たなければならなかった。ようやく61年になって、広橋から東大門の五間水橋まで、長さ2・4㎞の区間が完成した。さらに78年に至って、馬長鉄橋までの区間が完工している。

河川の暗渠化によって誕生した清渓川路の左右には、新たな商業集積が姿を見せる。そのため増加した交通量に対応するべく、新しい高架道路が建設されることになった。67年8月に工事を開始、71年8月に延長5650m、幅員16mの清渓高架道路が完成した。平面と高架とを併せて10車線の道路は、1日に平均16万8500台もの自動車の交通量を受け入れる都心の動脈として機能することになる。

●やがて道路を川に復活

清渓川を埋めて建設された街路は経済成長に寄与した幹線道路となった。しかし経年による老朽化は避けられない。特に高架道路は、築30年を経て安全面の課題が指摘され、大型車両の通行が規制された。躯体における構造上の不安があったわけだ。しかも暗渠となった河底が、鉛・クロム・マンガンなどの重金属に汚染されていたため、発生する一酸化炭素やメタンガスにより腐食が加速されたことも背景にある。

緊急に対処するべく、市は1994年から99年にかけて補修工事を実施、さらに2003年からの3カ年で1000億ウォン（約107億円）を費やす大規模な改修を計画した。しかし補強工事は、抜本的な解決策とはなりえない。加えて、水質が悪化した下水の改善や、都市化の進展にともなって新たに危険性が指摘された局地的な集中豪雨による洪水被害への対処も十分ではない。

そこで学識者や環境活動家のあいだで、高架道路を撤去しつつ河川を復活させる環境共生型の都市開発をすすめるべきだとする声が高まる。清渓川の復元プロジェクトのアイデアが提示され、提案がなされるようになった。これを受けるかたちで02年7月、ソウル特別市は市民委員会を発足させる。さらに調査グループ、基本計画と実施を担う推進本部も誕生した。

市当局は03年7月、さっそく全面的な都市再生工事に着手する。洪水対策のため、新しい清渓川は2〜2・5ｍほど掘り下げるとともに、10〜30ｍの川幅を確保することとした。加えて、大雨などで流量が増えた場合に備える高水敷を設置することになった。

課題となったのは水流を確保する手段である。梅雨時分など大量の雨が降る季節を除くと、清渓川は水の流れがほとんどない乾いた川となる。しかし適切な水質を維持しつつ、修景や生態系を維持するためには、年間を通して浅いところでも30〜40㎝の水深を維持することが求められた。そのためには、１日当たり12万ｔの用水が必要になると計算された。そこで市当局は、９万８０００ｔ分を15㎞離れた場所から漢江の水を導くことで確保、加えて残りの２万２０００ｔ分を清渓川近隣にある13の地下鉄駅舎から排出される地下水で充当することとした。

清渓川の流路の両側には、全長５・７㎞の遊歩道が整備され、市街地から遊歩道へと降りるアクセスとして、17カ所の階段や7カ所のスロープが用意された。大雨に備えた下水機能を担いつつ、通常も絶えず澄んだ水が供給されることで、魚も十分に生息でき、子供たちも安全に水遊びができる親水環境が確保された。放水量の内訳を見ると、57％は、最も上流に位置する清渓広場の滝から放水されている。残りは流れの途中、４カ所に設置された噴水などから川に注がれる。

上流の広場はライトアップされ、
昼夜を問わずさまざまな人でにぎわう

再現された木造家屋

●都市の過去・現在・未来

清渓川の復元にあっては、先に述べたように水の循環体系を回復させるとともに、自然の自生能力を活かすかたちでの生態系の復元が目標となった。

計画では、全体を3区画に分類しつつ、時間軸を設定、上流から「歴史（過去、伝統）」「文化（現代）」「自然（未来）」という3つの大きな主題を設定することとなった。工事にあたっては、区間ごとに4つの設計業者と6つの建設業者が参加した。担当部分ごとにデザインが異なっていたが、境界部分が不連続となることを防ぎ、構造物の連続性と全体の調和をはかるべく、実施設計段階で合同設計事務所が設けられた。

清渓川の始点部には、面積6980㎡を確保、「出会いと和合」「平和と統一への祈り」をコンセプトとする「清渓広場」が造成された。広場には噴水や滝のほか、100分の1の清渓川のミニチュア模型、地域の歴史を示すディスプレイなどが設けられた。広場は年中、さまざまな催事が行われ、昼夜を問わず、市民や観光客で賑わっている。2

モニュメントとして保存された高架橋

清渓川の復元からほぼ1年が経過した2006年10月には、この広場にクラエス・オールデンバーグたちが制作したモニュメント「スプリング」が据え置かれた。DNAを連想させる青と赤で内部を彩色した螺旋塔は、清渓川のみならずソウル市の新たなシンボルとなった。

清渓広場から東側に続く上流ゾーンは、「歴史（過去、伝統）」がテーマである。覆蓋構造物に埋まっていた広通橋の復元や、朝鮮王朝第22代王である正祖（チョンジョ）が1795年に父親の墓地のある華城へ向かう様子を描いた「正祖大王陵行班次図」を5120枚のセラミックタイルで再現した壁画などが、この区間の造形におけるハイライトである。

中流部は「文化（現代）」をテーマとする。自然と環境を題材に制作された5人の現代美術家の作品が設置されている。またファッションビルの集まっている東大門市場を意識した現代的

始点から下流にわたって川周辺の特徴、生態などにあわせたライトアップがなされる

な噴水も設置された。下流部は「自然（未来）」が主題となる。柳や各種水生植物を植栽、多様な生物が生息するビオトープとなっている。なお、さらに下流に行くと116万㎡ほどの緑地がある。また川筋の歴史や文化、未来のビジョンを伝えるミュージアムも、2005年10月にオープンしている。近傍に、かつて川沿いを占拠していた木造家屋を再現する区画や、モニュメントとして保存された3本の高架橋もある。3 4

このように清渓川は、始点部から下流部に行くに従って、過去から未来へと移り変わる都市の物語を提示するとともに、都会的なイメージから次第に自然の豊かな河川へと転じるかたちとなった。また随所に照明の演出が施された。夜間に散策する市民の安全を確保するとともに、清渓広場や東大門周辺などの市民活動の多いところは、賑わいを産む夜間景観を演出する。いっぽう魚類や昆虫など生態環境を維持するビオトープなどでは最小限の照明として環境の保全に配慮、区域の個性を際立たせる夜景が創作されている。5

● 地域ブランドの向上

深い掘割となった清渓川の両岸、地上レベルには、それぞれ2車線の道路と歩道が確保された。また川を見晴らす随所に眺望スペースが設置された。河川の復活によって分断される市街地南北の交通を確保するべく、清渓川と川沿いの遊歩道を跨ぐかたちで、7本の歩行者専用橋を含めて合計22の橋が架けられた。

デザインは広く公募された。455点の応募策から優秀作が選定される。実施設計にあたっては、川の流れの障害が最小化される橋梁とすることに加えて、橋梁を文化と芸術の出会う空間とすること、地域のシンボルとなる芸術性を持つ橋梁とすることなどを定めるガイドラインが示された。モダンな橋梁が多いが、なかには李朝時代に清渓川にかかっていた石橋を再現した水標橋など、歴史性を配慮した橋も混じる。

清渓川の復元事業は、両岸の市街地の風景も変えた。かつて道路の両側には大規模な卸売りと小売りの商店の集積に加えて、露天商たちもそれぞれの店を構え、総計6万店、従事者だけで20万人を数える一大マーケットであった。清渓川復元事業にあたっては、商人たちからの声を聞く公聴会や商店街別の事業説明会が開かれた。露店商たちは、営業の存権すら危ぶまれるため、闘争委員会を設けて復元事業に反対の姿勢を示した。また衣類商店街も対策委員会を設けて、交通混雑の悪化や工事による騒音や粉じんなどによる環境悪化、さらに商圏全体の営業不振が想定されることを理由に、原則として反対の立場をとった。

複雑な利害関係を調整するために、ソウル市は2002年10月21日から11月2日までの12日間を費やして清渓川商圏の基礎調査を実施、予想される課題に対して効率的な対応策を呈示した。同時に、「清渓川住民と商人協議会」と「商人対策協議会」を設置、着工までの1年間に延べで4200回もの会合を開いて説明を続けた。さらに清渓川広報館と東大門市場前に「現場民願相談室」を設置し、要望・苦情を受け付ける窓口とした。7200名ほどからの相談が寄せられ、課題の解決にあたった。

事業にあたっては、商店街の活性化への支援策を用意すると同時に、営業の支障となる弊害を最小化するための方策がはかられた。まず工事により営業の支障となるものを最小化するため、最新の工法を導入、騒音や粉じんの発生を抑えた。また清渓川沿いの商店街を利用する市民と商人の駐車場不足を解消するべく、付近の東大門運動場を駐車場として開放、併せて清渓川周辺を巡る無料シャトルバスを運行した。経営資金を低利で融資するなど個店向けの金融支援を行うとともに、既存の市場のビルの改築など環境改善を行う場合に限って、経費の80％以内を無償で支援するといったメニューを用意した。移転を希望する業者には、松坡区文井地区に専門商店街施設を建設して、全国的な取引が引き続き維持できるように配慮した。また清渓川商店街をPR、ソウル市の物品を清渓川商店街で優先的に購入するなどの配慮もあった。

清渓川の復元事業は、都市環境の改善に寄与しただけではなく、界隈の地域ブランドの向上にも寄与している。流域ではオフィスビルや高層住宅の建設もあって、事業完成後、わずかな期間のあいだに土地の価格が30〜100%上昇したという報告もある。さらには、ソウルという都市のブランド力を高めることにも貢献した。環境共生型の都市開発やアーバン・エコカルチャー・ツーリズムの成功事例として、海外のメディアでもしばしば取り上げられ、ソウルの名を世界に知らしめる結果となった。市民が憩う人工のせせらぎは、多くの外国人旅行者が訪問する名所という性格も帯び、結果として、市民の誇りを喚起する場ともなっている。

● 京仁運河と漢江ルネサンス

ソウルの河川整備にあって、1992年以降、常に注目されてきた事業が京仁（キョンイン）運河の計画である。

ソウル特別市内の漢江から仁川広域市の始川洞を経由して、西海（黄海）に至る運河の総延長は18㎞だが、大部分は既存の放水路を拡幅するため、新規の開削区間は4㎞に限られる。しかし環境保護団体の反対もあり民間企業体による事業は頓挫、2008年に公共事業というかたちで再開された。20年を経過した12年5月25日、金浦のターミナルで、ようやく開通式が行われた。

新規の運河を建設することで、内陸にあるソウル市内まで外洋用の貨客船や遊覧船を就航させることができる。注目されているのが、交流の経緯がある山東半島の青島を結ぶ黄海航路である。さらには天津や上海など中国の主要な都市とも結ばれることになる。もっとも総事業費を圧縮するべく運河の幅員を100mから80mに変更、水深も6・3mと浅くしたため、当初想定された5000t級の国際旅客船の往来には課題があるようだ。

プロジェクトは、公募を経て選定された「アラベッキル」という愛称で呼ばれている。「航路」を意味する「ベッキル」に、アリランを連想させる「アラ」という接頭語を加えることで、民族文化や民族精神を感じさせる言葉だという。

並行して漢江の流域では、「漢江ルネサンス」と命名された一連の事業がすすめられている。コンクリートで固められた漢江の護岸を改修し、堤防の緑化をすすめるとともに、生態系を活かした公園が造成された。市当局には、漢江の自然美を活かして市民の憩いの場とすると同時に、ロンドンのテムズ川、パリのセーヌ川に勝る世界的な観光資源にという強い思いがあるようだ。

●職員発案・盤浦大橋レインボー噴水

漢江ルネサンス関連で、最も話題になった事業が、ソウル市の漢江に架かる盤浦大橋の噴水である。人気の韓流ドラマなどでも背景となり、おおいに話題となった「世界最長の噴水」である。

漢南大橋と銅雀大橋との間にある盤浦大橋は、高架の橋梁と河川敷から伸びる橋梁が二層になっている。下層は増水すると水中に沈むことから「潜水橋」の通称がある。噴水が設置されたのは上層の両側面である。

高架橋部分に380個の噴水口を装置、漢江から汲み上げた水を毎分60tの割合で円弧を描かせて勢い良く川面に放出する。下層はウォーターカーテンに包まれる。橋を大瀑布に転換させ、壮観を現出させようとする発想が面白い。噴水が設置された区間は橋の中央部分のみ570m、二面あるので総延長1140mとなる。6 7

09年、噴水の設置に併せて、河岸一帯が盤浦漢江公園として整備された。橋詰に野外舞台・広場などを整備、噴水の演出を見物する絶好の観覧場として、毎晩、市民や観光客が集まっている。日が暮れると、噴水は紫・青・赤・橙・黄・白など、さまざまなに変化する投光で鮮やかに照らされる。「月光レインボー噴水」と呼ばれるゆえんだ。スピー

河岸に公園や文化施設を整備し、世界的な観光資源を目指す

カーから流れる音楽にあわせて、水流のかたちと色彩が変化する。速いリズムの曲の場合、情熱的に見える。対して穏やかな音楽の際には叙情的だ。水流が表現力豊かなダンサーのように躍る。

注目するべきは、この見事なプロジェクトが、市の土木職員からの提案に始まったものである点だ。話は２００６年に遡る。ソウル市が設置した創造的な都市づくりに関する窓口「創造バンク」に、「潜水橋を滝の中を通る橋にする」というアイデアが寄せられた。これが採択されたことが、そもそもの発端だという。常識的には、単なる夢物語として捨て置かれたことだろう。それを先端のテクノロジーを採用して具現化した点に敬意を表したい。

京仁運河や漢江ルネサンスの事業では、

噴水は音楽にあわせた演出がなされ夜景を彩る

河川を旅客・物流の幹線として再生させることが想定されている。ただ経済的な効果だけを見ているわけではない。環境に配慮した河川沿いの再開発事業の成果によって、「水の都市」であるソウル市のブランド・イメージを高め、さらに国際競争力を強めたいという判断がある。アジアの主要な都市は、当然のごとく競合相手となる他の都市の政策を眺めつつ、それに対抗し、他を凌駕する策を打っている。ソウルのデザイン都市戦略に、その覚悟のほどを見ることができる。

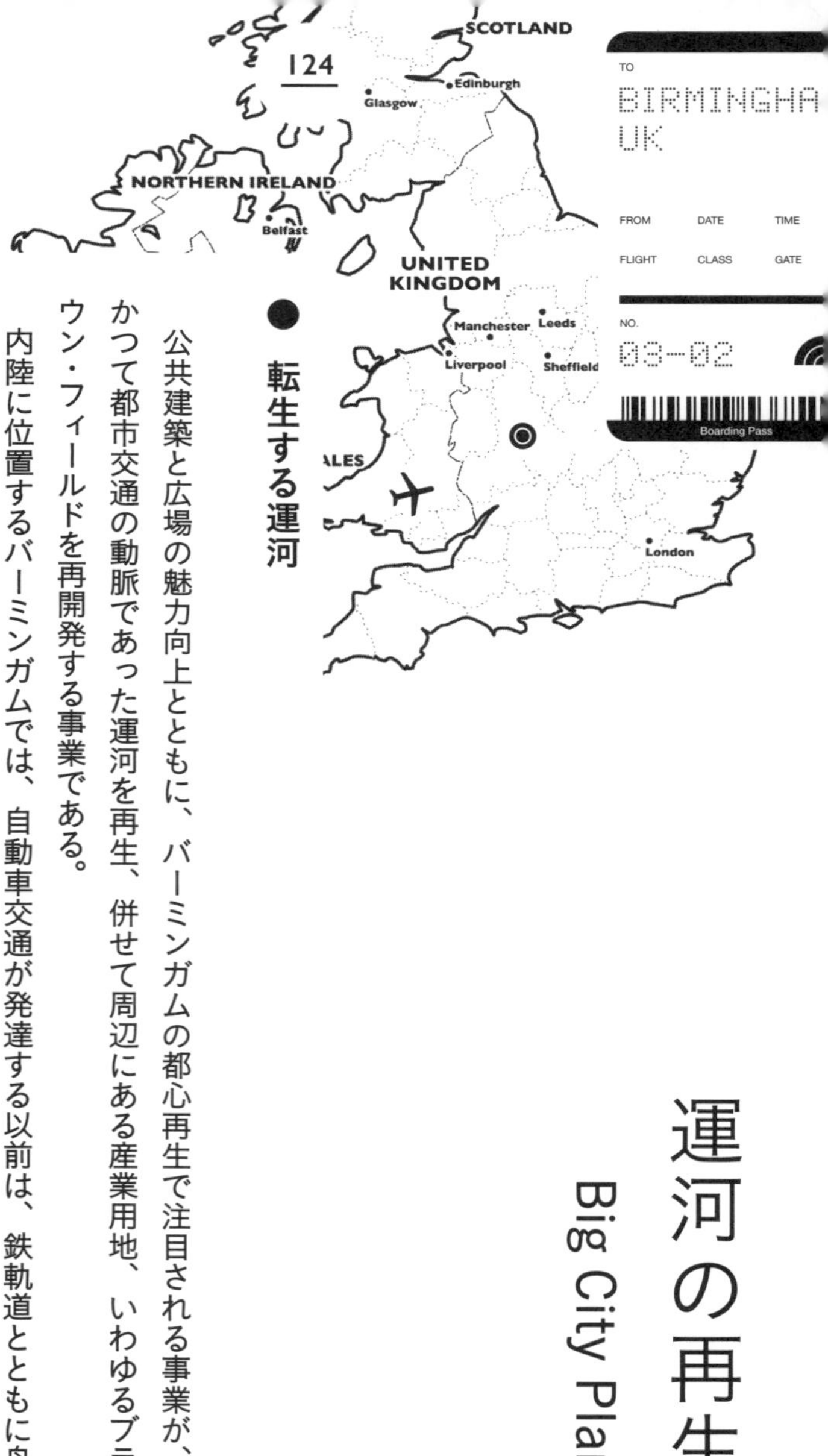

運河の再生

Big City Plan

→ イギリス **バーミンガム 2**

転生する運河

公共建築と広場の魅力向上とともに、バーミンガムの都心再生で注目される事業が、かつて都市交通の動脈であった運河を再生、併せて周辺にある産業用地、いわゆるブラウン・フィールドを再開発する事業である。

内陸に位置するバーミンガムでは、自動車交通が発達する以前は、鉄軌道とともに舟運が重要な輸送手段であった。市街地を縦横に連絡する運河の総延長はベニスのそれをうわまわるという。ちなみに英国で最も古い運河は、1761年にマンチェスターにつくられたブリッジウォーター運河である。

水運とともに荒廃した運河周辺で再開発がすすむ

石炭などの工業物資を運ぶべく、ブリッジウォーター3世公爵がジェームズ・ブリンドリー技師を招いてつくらせたものだ。

バーミンガムのシティセンターの西側に近接する一帯も、産業用途に利用されていた。運河によって英国各地と連絡、都市の成長を支えた。しかし37ページに述べたように、戦後になって、自動車を優遇する都市政策と交通計画が具体化したため、かつての水運は衰えた。同時に運河周辺の街区も荒廃したようだ。

バーミンガム市は、1980年代から運河を含む界隈全体の再開発を検討していた。ただ事業が本格化するのは、93年以降のことだ。運河沿いに遊歩道を再整備、質の高いオフィスビルが順次、建設された。低層部にはレストランや物販店が入居、なかにはホテルが入る棟もある。

90年代半ばから２０１０年にかけて、11棟の再開発ビルと劇場、低層の商業施設棟が建設された。中核となる一連の複合ビルは、あえてビクトリアン調など歴史様式のモチーフを採用しつつ設計がなされた。煉瓦風の外壁で仕上げられている棟もある。擬似的な歴史的環境を創造することが意図されたわけだ。2-5

総面積は６万９０００㎡、同種の事業では着手当時、英国では最大規模の再開発プロジェクトであった。整備された地区は、当該地区の運河開削に携わっただけではなく、英国の歴史に名を残す18世紀の土木技術者に敬意を払うべく、「ブリンドリー・プレース」と命名された。

ナショナル・インドア・アリーナなど一連のコンベンション施設を抜ける歩行者動線を確保、水路沿いに建設された遊歩道や

歴史様式をモチーフとして再開発、市民やワーカー、観光客を呼び込む

船着き場に人々を誘導する。ここを起点として、ナローボートによる遊覧を楽しむことも可能である。飲食店は、オフィスで働くワーカーや市民だけではなく、観光客やコンベンション参加者の利用も意識されたようだ。

再開発の動きは、ウスター&バーミンガム運河を軸にさらに周辺に広がる。1997年、人工の河川に面して、かつて鉄道の操車場があった場所で、住宅、オフィス、ホテル、商業などの機能を複合させる再開発事業が動き出す。オフィスや住宅のほか、デザイナーショップ、レストラン、バーなどが複合する再開発ビルが建設された2004にはBBCのスタジオも入居している。ロイヤル・メイルの巨大な庁舎が建設されていたことを受けて、事業は「メイルボックス（The Mailbox）」と名前がつけられた。

運河周辺と対照的に現代的な表層をまとった再開発

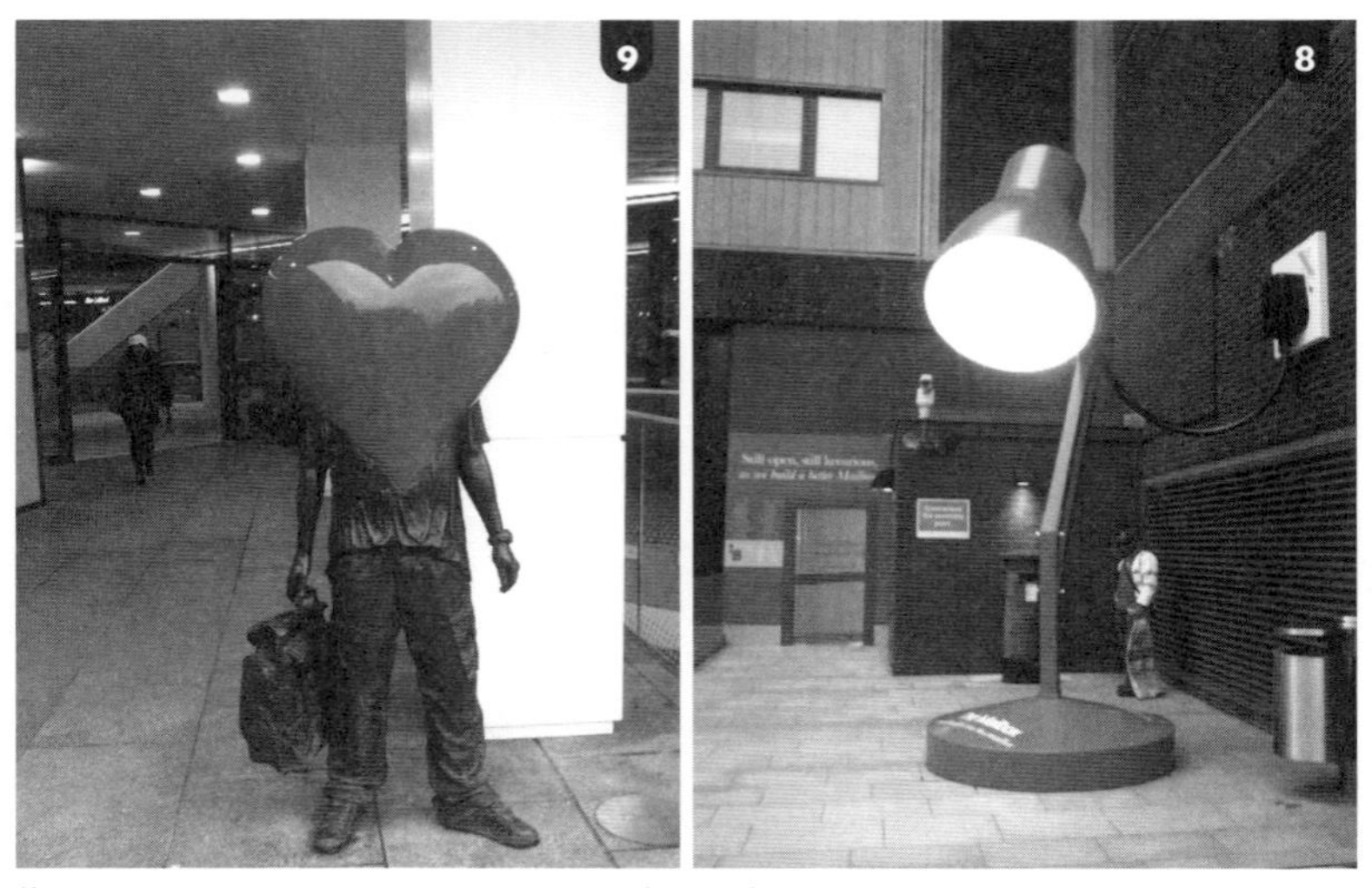

施設内外に配されたアート、広場や屋外を魅力を高める

「ザ・キューブ（The Cube）」と呼ばれる棟も含めて、再開発された街区全体は、ブリュッヒャー通りから奥行き３００ｍにまで至る。施設の内外にはユニークな現代アートも配置されている。6-9

シティセンターにあっては、フラッグシップとなるバーミンガム公共図書館など最新の公共施設を整備すると同時に、既存の広場と歩行者通路の魅力を向上する。いっぽう都心の近傍に位置する運河沿いなどのブラウン・フィールドでは、民間ディベロッパーの投資を呼び込みながら、職住を近接させた面的な再開発が進捗している。官民双方の事業を有効に連携させながら、オフィスの刷新と高級な住宅の誘導、さらにはコンベンション施設や文化施設の更新を促すことで、市民だけではなく観光客も利用できる安全で、歩行者を優先する都心空間の再生を果たした。バーミンガムの事例は、近年の都心再生における成功モデルとして、世界に広く認知されている。

→ イギリス **ロンドン 2**

地域整備とエリアマネジメントの両立
BID

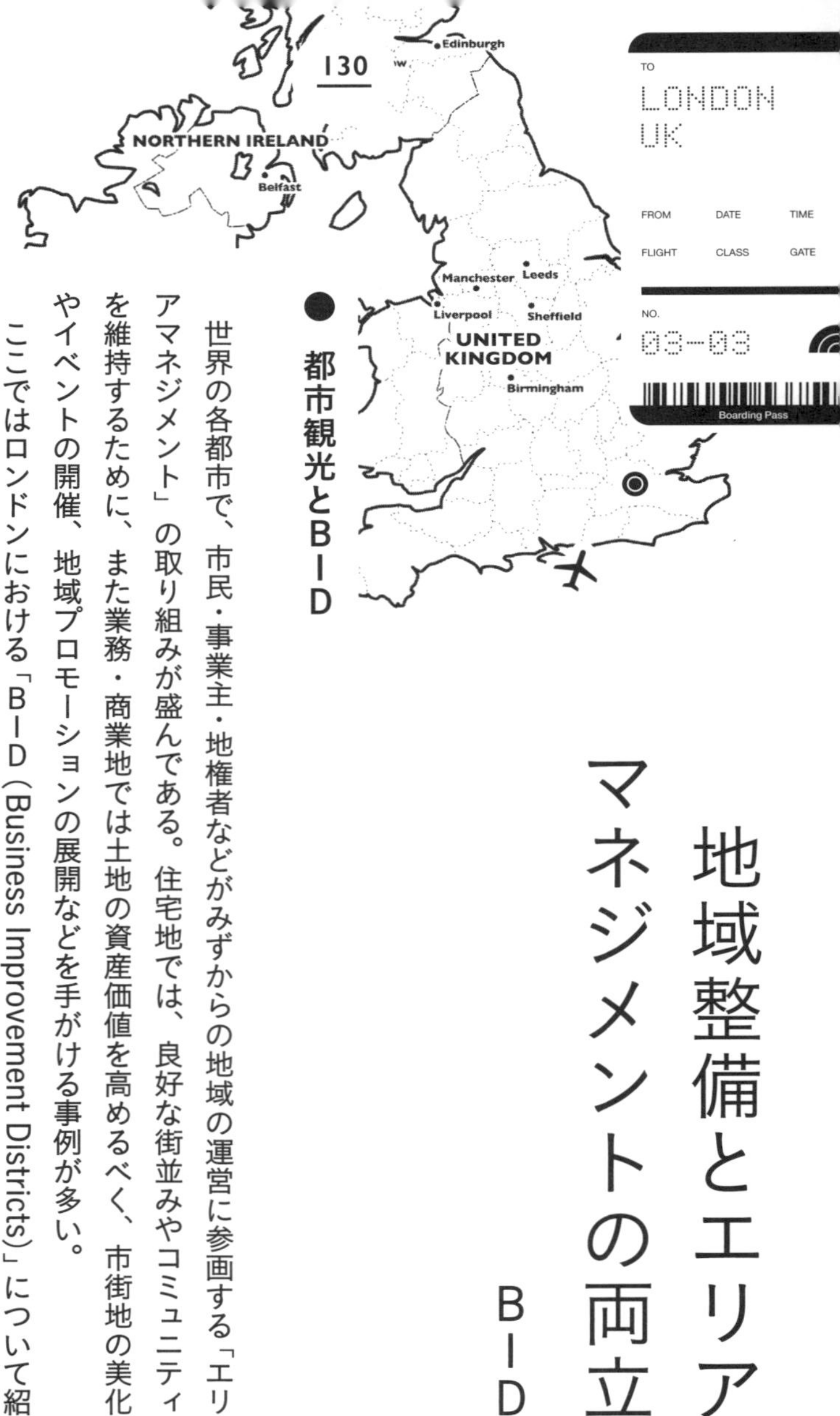

●都市観光とBID

世界の各都市で、市民・事業主・地権者などがみずからの地域の運営に参画する「エリアマネジメント」の取り組みが盛んである。住宅地では、良好な街並みやコミュニティを維持するために、また業務・商業地では土地の資産価値を高めるべく、市街地の美化やイベントの開催、地域プロモーションの展開などを手がける事例が多い。

ここではロンドンにおける「BID（Business Improvement Districts）」について紹介したい。BIDは、地域ごとに上乗せ分の税を徴収し、地域のエリアマネジメント組織に還付することで、地方自治体と民間企業とのパートナーシップによる地域整備とエリアマネジメントを推進する手法である。1970年代にカナダのトロント市で始まり、その後、米国に広まった。現在、北米で1000ほどの地区で運営されているという。また近年、類似の事業を制度化する国が増えてきた。

米国の場合、主に不動産所有者に床面積1㎡当たり100~200円ほどの税が課せられ、非営利組織や、まちづくり会社がエリアマネジメントの活動を請け負う。加えて行政の支援策や、イベントの実施や広告の掲出による事業を実施して、不足分の資金を確保する。なかには年間の活動原資が数億円になる地区もある。

予算の使途は地元の判断に委ねられる。地域が有している課題は地域ごとに異なるため、事業内容は多様である。たとえばオフィス街や住宅地では、エリアの特性はそのままに活性化をはかろうとする例が多い。対して寂れた倉庫街などでは、商業や住居系の機能を導入、地域全体のコンバージョンをはかるところもある。いっぽう商業地や観光地では、公共が提供する以上の安全性と美観を確保し、また高度なホスピタリティを提供することで、街をより魅力的に見せようとする試みもある。

各地のBIDにあって主要なプログラムのひとつに掲げられているのが「清潔・安全(clean and safe)」、すなわち公共空間の防犯・清掃の強化策である。行政ではなく事業主に、歩道の清掃に関する責務を課す米国の特殊事情を反映するものだ。加えて、対外的なマーケティングやプロモーションも重視される傾向がある。

いっぽうでサンフランシスコ市のナパバレー地区などのように、「観光BID(Tourism

BID、またはT－ID)」という名称を掲げ、集客や賑わいづくりに特化する官民連携の地域づくりプログラムを実施しているケースも見受けられる。「観光B－ID」の制度は、スコットランドのハイランド地方における中心都市であるインバネス市とネス湖周辺など、米国以外でも採用する地域が増えつつあるようだ。

●TCMからB－IDへ

イギリスにおいて、政府がB－IDの調査を始めたのは1990年代後半のことだ。2003年に各都市でパイロット事業が実施される。ロンドンでもベター・バンクサイド、ウォータールー・クオーター、パディントン、ハート・オブ・ロンドンなどが対象となった。

04年、B－IDの法制度が整えられる。当初はイングランドの諸都市に限られたが、その後、05年にウェールズ、07年にスコットランド、13年に北アイルランドにも拡張された。13年におけるB－ID設立数は150地区ほど、そのうちロンドン市内の事例が32地区を数える。ロンドンでは、16年までに50地区を目指す方針であるという。

もちろんロンドンにおいても、官民連携の都市再生の試みは90年代からあった。TCM（Town Center Management）と総称されるものだ。主として大手の小売事業者が中心となり、中心市街地の環境整備や集客力の向上が主題となった。

しかしＴＣＭの活動には限界があった。分担金の徴収に強制力がないため、資金の安定的な確保が困難であった。自身は活動に参加せず、その効用を無償で享受する「フリーライダー（ただ乗り）」の存在も問題となった。経費負担の公平性をはかろうとする議論のなかで、分担金（BID levy）を行政が徴収する米国流のＢＩＤ制度の導入が議論されたわけだ。

プロジェクトが採択されるまでの手続きについて簡単に述べておこう。まずＢＩＤ設立提案者が包括的な事業計画を立案する。提案する権利があるのは、対象地区内の納税事業者、ＢＩＤ設立提案の開発主体、自治体などだ。提案以外のビジネスコミュニティ、および地方自治体との十分な協議のうえで事業内容を決定する。この案を地区内の事業者の投票にはかる。

事業者総数の過半数となる賛成とともに、想定されている当該地域内に存在する「課税対象となる不動産評価額」の過半数を代表するに値する事業者の承認を得て、ようやくＢＩＤの設置が可能になる。大規模な資産を占有している事業者の意見が強いことになる。ＢＩＤの期間は原則5年、２期目への転換を確定するべく、08年に各地で実施された投票では、継続を可決した団体が73、否決した団体が15であったという。

英国の制度では活動に必要な原資は、事業所を対象とした地方税で「ビジネス・レイト」（年間賃貸料の評価額を基準に算出）に「BID levy」を上乗せすることで確保される。

割り増し額は1％から2％程度、最高でも4％程度と地域の実情に応じて幅がある。要するに米国のように不動産の所有者に課金されるのではなく、対象地区内の不動産を占有している事業主が負担するかたちだ。もっとも近年においても不動産所有者にも求めるような議論が継続されている。

ただし不動産評価額の低い事業者や上階のみを保有している事業者、あるいは非営利組織に対する減免措置などを実施している地区もある。税による収入以外に、寄付金、行政の助成金なども財源となる。

ロンドンのBIDの多くは、「タウンセンター型」であり、商店街再生や中心市街地の活性策という側面が強い。公共空間の維持管理、インフラ設備の改善、地域のプロモーションやマーケティングなどを担うことで、エリアの価値を高めることに重きが置かれている。歩道の清掃も重要なプログラムだが、英国では行政が一定の水準を担うことになっているため、補助的サービスを上乗せするかたちになる。また都心の商業地では、街のコンシェルジュを配置することによるホスピタリティの向上や、防犯対策なども目的となる。

●テムズ川沿いのまちづくり

ロンドンを流れるテムズ川とその周辺。写真左側が南岸

2014年3月にロンドンでBIDのプログラムを実施している地域を数カ所訪問、運営事業者にヒアリングを行った。そのひとつ、ベター・バンクサイド地区の事例を紹介したい。

テムズ川によって都心から区分された南岸一帯は、かつては工場が集積する地域であり、良い環境であったとはいえない。しかし近年、各所で再開発が進展、商業地や住宅地への転換がすすんでいる。また集客施設や川沿いの遊歩道の集積も顕著だ。

テムズの南岸には4つのBIDが存在する。そのうちのひとつ、サザーク区に属するのがベター・バンクサイド地区である。サザーク・ストリートとテムズ川に、バラ・ハイストリートを東の境界とするエリアには、テート・モダン、バラ・

マーケット、シェイクスピア・グローブ座などの観光施設がある。北岸に渡る人道橋や川沿いの遊歩道も整備され、テート・モダンの増築工事も始まっている。現在ではロンドンを代表する観光地に転じている。1 2

ベター・バンクサイドでは、従来からこの地域に関与していたThe means社（民間のまちづくり会社）が事業を提案した。企画に対する投票では事業者数で75％、課税比66・6％の賛成を得た。これを受けて2005年4月、BID組織が正式に設立された。当初まちづくり会社は、清掃・安全・緑化・環境改善・エリアプロモーション・社会貢献などの事業を想定した。概要を説明しておこう。

もはやロンドンを代表する観光地となった
テート・モダン

清掃は、既存の行政サービスにより高次の清掃業務を付加するものだ。具体的には落書きの消去やガムの除去、ジェット・ウォッシュによる舗道のブラッシュ・アップなどが行われた。さらに優先するべき場所を設定、要請があれば30分以内に清掃班が駆けつけるサービスも導入された。テムズ川沿いの遊歩道には、ピンク色のシンボルカラーとともにBI

鮮やかなピンクのロゴが記されているゴミ箱

Dのロゴマークを描くゴミ箱が設置されている。3 4

安全の確保と犯罪の予防のために、地区内を巡回するレンジャーを雇用した。レンジャーは警察と協力しながら、犯罪が起こる可能性のある場所を中心に、1日12時間のパトロールを実施する。また観光客への道案内や、地域内で暮らすホームレスとコミュニケーションをはかる役割も担った。

都市の緑化を目指す「Urban Forest」の事業では、サザーク区からの支援を得て公共空間の植樹を促進するとともに、街路沿いにハンギング・バスケットを取り付けた。また広場にBIDのシンボルカラーであるピンク色の折りたたみ椅子を300脚ほど設置、ランチタイムの憩いの場を用意している。

環境改善では、鉄軌道や道路の高架下の通路空間の改良を重点化、照明で装飾するなどの美化を施した。近年、重視しているプログラムが環境保護を意識した「Smart Travel」である。自転車利用者をサポートするべく、地域内の各所で自転車のメンテナンスを行う作業用ツールを無償で提供している。環境保護を意識したものであるという。5 「Visit Bankside」と題するエリアプロモーションを展開、地区内で生活する人たちに割引のあるカードを配布した。

照明による美化が施された高架下

また社会貢献として、若者に就業のための訓練プログラムを用意した。BIDの事務所の1階部分を、会議スペースとしてコミュニティに提供、交流を促すサロンも継続して実施された。6

行政の許認可権限を委譲されているわけではないが、案件によっては行政と協働をはかるプログラムが可能になっている。また隣接するBIDとの連携をはかる事業もある。ベター・バンクサイド地区のBIDは実績を残し、地域の事業者から支持を得たようだ。1期目が終了し

街に面して開放的な会議スペース、サロンとして利用

たのち、2010年2月に再度投票が行われ、15年までの継続が決定、現在2期目に入っている。

世界最高のショッピング・ストリート

都心に位置するBIDのなかには、歴史のある商店街をエリアとする事例もある。つづいてニュー・ウェスト・エンド地区を紹介しよう。

ニュー・ウェスト・エンド地区は、主として、リージェント・ストリート、ボンド・ストリート、オックスフォード・ストリートの各通りで構成される。600店以上の小売店舗が集積、国際的なブランドショップや旗艦店も多数出店して

いるロンドンを代表するショッピング・ストリートである。7 8

BID組織の設立は2005年4月、13年から3期目に入っている。対象となるエリアの総面積は、約45ha、そのうちクラウンエステート社が地区の70%の不動産物件を所有しているという。街の運営を担うのが、BID事業用に設立されたニュー・ウェスト・エンド社である。ウェスト・エンドを世界でトップのショッピングの目的地にすることを目標に掲げた。外国からの観光客誘致を強く意識し、対外的なプロモーションを重点化する役割が期待されている。

BIDの導入に至る経緯を述べておきたい。そもそも各通りに独自にプロモーションを実施する商店会があった。いっぽうで、地権者や小売事業者からなるウ

ジョージアン様式の建物が建ち並ぶ
リージェント・ストリート

ェスト・エンド・ショッピング組合という組織も構成されていた。3つのストリートが連係するBID組織は、後者の組合が発展したものだという。

BID組織による主な事業は、清掃とセキュリティである。清掃に関しては、舗装の高度な清掃やチューインガムの除去など、防犯面では夜間のパトロールの強化など実施された。結果、強盗犯罪は約6割も減ったという。

そのほか、月に2回ほどのペースで実施する歩行者天国などの地域イベントの実施、媒体へのプロモーションなども手がける。上海に拠点を置いて、中国からの観光客の誘致を強化すると同時に、アジアや中近東のリテーラーの誘致も勧めている。東京の大手町・丸の内・有楽町地区のエリアマネジメント組織と友好関係にあるようだ。

各商店街にあって、同じユニフォームで笑顔で道案内などの問い合わせに応じている「アンバサダー（買い物客向けのコンシェルジュ）」もBIDが雇用する。街角には常時、12人程度を配置、週末や買い物シーズンには増員をはかっている。9

近年では日曜日営業の規制緩和への対応、海外就労者のビザ取得に関する規制緩和に向けた活動なども行っている。ＢＩＤ組織は、長期におよぶ投資を前提とした地権者と、短期での利潤を求める小売事業者との関係を結びつけ、双方に利益のある事業を提供している。

アンバサダー（中央）と筆者（右）

駅周辺の活性化

ターミナル駅近傍地区で実施されているＢＩＤもある。ここではビクトリア地区のＢＩＤについて簡潔に述べておこう。

２０１０年４月に設立、対象は商業施設、オフィスのほかに行政機関が集積するビクトリア駅を中心とする約44haのエリア。ランド・セキュリティーズ社による面的な再開発プロジェクトが進展している。23年までに４０００人を雇用する事業所と、１０００戸の住居が供給されるようだ。ＢＩＤを構成する企業は２５０社を数える。ＢＩＤでは、包括的で持続可能なアプローチから、エリア内で活動する

壁面を緑化。テントウムシのワンポイント

企業、観光客、居住者のために社会・経済的なサービスを届けることを活動の目標に据えた。

さまざまな活動のなかでも、この地区では特に安全の確保と治安の向上をはかることで、軽犯罪の減少を達成することに重きが置かれている。内外から多くの人が往来する駅周辺の地区固有の課題があるのだろう。ここではBID組織に、地元警察から出向者を受け入れ、活動のキーパーソンとしている。

そのほか街を案内するアンバサダーの制度や、「Showcase」と総括する地域プロモーション事業も行っている。ユニークなのは、緑化の専門家を雇用して、地域内のホテルやデパートの壁面緑化に力を入れている点だ。地区内にあるジョン・ルイス百貨店の緑化事業の場合、商業者が3割、BIDが3割、行政や緑化団体からの補助が4割という構成で事業が具体化された。また地区内の9カ所に養蜂箱を設置、地元産の蜂蜜として販売を行っているという。10・11

このほかロンドンでは、『ハリー・ポッター』の映画撮影

『ハリー・ポッター』でおなじみのキングス・クロス駅。9 3/4番線も

駅舎とは対照的に有機的な形態のコンコース。構造はアラップ

再開発されたビルの隙間を縫うように流れる古い水路。新旧が対比する風景

で有名なキングス・クロス駅の周辺（12-14）、ヒースロー空港と直結する特急が発着するパディントン駅裏の古い水路の周辺（15 16）など、主要なターミナル駅の近傍にあって面的な再開発が進行している。新陳代謝が著しい各地区にあって、地域の事業者を構成員とするユニークなBID事業が実施されているわけだ。

英国流のBIDは、公平に提供される行政サービスに対して、地域の実情に応じた高度なサービスを付加しようという発想がその根底にある。住宅地・業務地区・商業地区など、それぞれが抱える固有の問題を解決するために、独自のエリアマネジメントの方法論と実践が工夫されている。エリアマネジメントの本質は、地域の自主性に委ねるという姿勢にあるのではなく、むしろ地域ごとの多様性を担保するうえで不可欠な地域経営手法の多様性を認める精神にこそ見出されるのではないか。

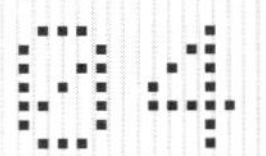

新しいブランドをつくる

わが街の誇りを見出す

→ 01 LYON FRANCE
→ 02 STRASBOURG FRANCE
→ 03 LONDON UK
→ 04 PARIS FRANCE
→ 05 LE HAVRE FRANCE

夜の景観デザイン
光の都づくり

→ フランス **リヨン**

市街地のライトアップ計画

かつてリヨンの基幹産業は伝統的な絹織物であった。しかし合成繊維・人工繊維の発達に応じて紡糸・織物業、さらには縫製業への転換を余儀なくされた。いっぽうで、繊維産業と関連して染料製造などの化学工業が発達をみた。さらに市街地の周辺部には自動車工業、電子工業などの企業も立地する。とりわけ南郊フェイザンに近代的な石油精製所が集積、リヨンはフランス国内有数の産業の集積地という地位を改めて確立する。

都市整備にあって、特徴的なのは夜の景観デザインである。1989年、リヨン市は市長の指揮のもと、歴史的建造物を、美しく、かつ芸術的にライトアップする計画を立ち上げた。毎年10～25カ所、主要な建造物を最新のデザインによるライトアップを施す。今日にあっては、公共建築だけではなく民間の建物を含めた200カ所以上の建造物が照明されている。丘陵地に広がる市街地はリュグドナム（Lugudunam）、すなわち「光の丘」と呼ばれるようになる。

ユニークなライティングの試みが随所にある。著名なのが市役所に隣接するオペラ座の照明である。真紅に染まることもあれば、時に薄い赤色になるなど、入場者の数で建物のガラス屋根の色彩が変化する。オペラを鑑賞している人の多少が感動の大きさに関係しているということだそうだ。

建造物だけではない。橋梁や公園・広場など市街地にある公共空間もライティングの対象となる。市街地を縦断して流れるソーヌ川とローヌ川の流れに、さまざまな造形の橋が架かる。人や車の安全を確保するだけではなく、それぞれのデザインを引き立てるべく、演出性の高いライティングが順次、施された。オープンスペースでは、市役所前のテロー広場にある光ファイバーを用いた噴水照明なども面白い。

光の祭典

リヨンにおける夜景創造は、日常的な公共建築へのライトアップに加えて、イベント

広場で光のインスタレーションが実施される

による祝祭の表現が美しい。12月8日から4日間にわたって開催される「光の祭典（ルミエール祭）」は、毎年、欧州各地から300万人から500万人を集めるフェスティバルとなった。期間中、旧市街地や新市街地の随所に光のオブジェやインスタレーションが設置される。その総数は数十にのぼる。また教会や市役所など、主要な建物に3Dマッピングによるプロジェクションのショーが行われる。1-2

2009年に行われた際の様子が上の写真である。既存建物への大胆な投影ばかりではない。建物の中庭や裏通りには若い作家の小規模な作品が並ぶエリアがある。彫刻類もアート作品の題材とされる。この年は、観覧車にテント幕を張って、古典的な名画が上映されていた。3-5

芸術的な照明がランドスケープの構成要

街の建物をスクリーンにして3Dマッピングが光の祭典を彩る

素となる。川の対岸、丘の上に見える聖堂もライトアップされ、すぐ脇に後述するマリア信仰を表す「Merci Marie」の文字が浮かぶ。さらに高くそびえる現代的な電波塔には、人のかたちをした光輪がとりついていた。街角で案内地図を配布するセグウェイの上に灯りを点けた案内人もまた夜景を構成する要素である。6-7

夕刻から深夜まで、旧市街地全体が歩行者天国となる。配布される地図を持って光のアート群を求めて歩きまわる観光客や市民で、街は普段にない賑わいをみせる。なかでも美しい作品が、市役所やオペラ座の東側の広場に配置された植物をイメージした作品群である。8

フェスティバルは街そのものを会場としたライティングの見本市という性格もある。期間中に、数百人もの照明デザイナーやラ

建物のみならず中庭や裏通りなど都市のいたるところにアートが展開される

イティングの専門家が世界中から集まり、最新の技法や作品を学び、照明を用いた都市デザインについて意見を交わし、またみずからを売り出すビジネスの場としているのだ。

リヨンがなぜ、「光」によって創造的な都市づくりに着手、イベント時には数百万人もの集客を誇る欧州を代表する「光の都」となることに成功したのか。その根源には、街に伝わる歴史的な出来事があるという。14世紀以降、リヨンではペストなどの疫病がしばしば発生し、そのたびに多くの市民が命を落とした。人々はフルビエールの丘にあるノートル・ダム聖堂のマリア像に祈りを捧げたという。

都市の守護聖母であるマリア信仰が、光を灯す人々の行動と結びつく。１８５２年、フルビエールの丘にある聖堂の鐘楼を修復しつつあった。「聖母の無原罪の御宿り」である12月8日、黄金のマリア像が屋根の上に取り付けられた。鐘の音と祝砲によって讃えられたが、激しく雨が降る荒天となった。市民は鐘楼と聖母像をみずからの手で明るく照らそうとしたようだ。夜の帳が街を包み始めた頃、街中の家の窓台に、数千という蝋燭が一斉に灯されたという。

観覧車などの都市の中のさまざまな工作物がアートの題材となる

この故事にちなみつつ、現代的に発展させたのが「光の祭典」である。もちろん今日においても、そのハイライトには数百以上もの蝋燭が各家屋の窓際に灯される。また手に蝋燭を持った市民が丘に上り、教会に参詣するパレードも恒例となっている。

光の都市連携

近年、リヨン市の夜景創造は新しい段階に入ったといってよい。都市を特徴付ける川や丘などのランドスケープを活かしながら、新しい芸術分野を開拓するとともに、LEDを使用、新技術を取り入れることで、環境にも配慮した照明の有効利用をはかることが求められている。

また2001年、リヨン市は各国の都市

建物や電波塔、さらには会場の案内人までが光のランドスケープを構成する要素となる

に呼び掛けて「LUCI（Lighting Urban Community International）」、すなわち「光景観創造都市国際ネットワーク」とでも呼ぶべき組織を立ち上げている。ライティングを戦略的かつ魅力的なまちづくりへの大きな要素として位置づけ、都市計画や建築・生活環境面に展開している都市群の国際的な連携組織である。先進的な景観照明を施している都市の表彰制度や、発展途上国における社会問題の解決に際して先進国の諸都市が夜間の景観デザインの分野で支援するプログラムなど、各都市が情報を共有しながら相互支援を継続している。

２０１１年時点での加盟都市は、欧州を中心に54都市。パリ、マルセイユ、シャルトルなどフランスの都市のほか、バーミンガム、グラスゴー、ブリュッセル、ブダペスト、ロッテルダム、ジュネーブ、ハンブルグ、ミラノ、トリノ、モスクワ、ポルト、タリン、光州、仁川といった名前が並ぶ。日本からは大阪が、「光のまちづくり企画推進委員会」の名義で参画している。

世界文化遺産となった歴史的市街地にあ

光の祭典はいっぽうで照明のプロたちの情報交換、ビジネスの場としても機能している

って、新技術や新たな照明デザインのアイデアを積極的に採用したリヨン市の試みは、世界諸都市における夜景創造の先駆けである。その成果が評価されたのだろう、08年にはメディアアートの分野では世界初の事例として、ユネスコが制定する「創造都市リーグ」に登録された。

ドイツ的なハーフティンバーの外壁

環境配慮というブランド

トラムによる都市再編

→ フランス　**ストラスブール**

独仏国境の街

ストラスブールは、フランス北東部に位置するアルザス地域圏の首府である。人口は約27万人、都市圏全体でも45万人程度の人口でしかない。しかしライン川左岸に位置し、陸路と舟運が交わる立地から交易の要所となり、古くから内陸の商業都市として繁栄をみた。

またドイツとフランスの国境にあたるがゆえに、中世以後、ドイツとフランスが幾度となくこの地域の領有権を争ってきた。結果、時代を越えて双方の建築様式が混じる独特の

歴史的市街地を取り囲むイル川

ゴシック様式のランドマーク、
ノートルダム大聖堂

欧州議会が開かれるルイーズ・ワイス・ビル

市街地がかたちづくられた。とりわけイル川に囲まれた島状の区域に残る歴史的市街地は、ユネスコの世界文化遺産として登録されている。かつて水路を通る船に課税をした施設も残る。また１１７６年から３５０年余りを費やして建造されたノートルダム大聖堂は、高さは１４２ｍの尖塔を備えており、都市のランドマークとなっている。

欧州連合の創設にあたっては、この街に意図的にその主要機関が置かれることとなった。領土争いが行われた国境の街、という歴史を意識して、国家を越えた広域の連合体の拠点としてふさわしいという判断があったと推察される。現在、欧州議会・欧州評議会のほか、欧州人権裁判所などの国際機関が立地している。[1]

●トラムによる都市交通の再編

都市デザインの分野において、ストラスブールの名が世界に広まったのは、公共交通の再編成によって都市を活性化する成功事例となった点だ。環境を重視した都市計画のモデルケースとして注目を浴び、海外からの視察も多い。

転機は、トラムと呼ばれる新型路面電車の導入を決断したことだ。都心を南北に貫く縦貫道路を始め市内に入る主要な道路は、市街地の中心部で遮断、通過する自動車交通をすべて排除するように規制が変更された。また都心に住まいを持ち、登録証を保有している市民以外は、都心での駐車は制限を受ける。

いっぽうで外周道路沿いなどに、低料金の駐車場が整備された。利用者には乗車人数分のトラムの無料チケットが配布される仕組みだ。公共の駐車場を利用したパーク&ライド方式である。各地に所用で出向く市民にとって、車ではなくトラムを利用する方が遥かに利便性が高くなるように、新たなシステムの創意工夫がなされたわけだ。併せて都心部に歩行者優先のトランジットモールを設けることで、歩行者優先の都市空間を実現させた。

トラムを導入するまでの経緯について、簡単に述べておこう。ストラスブールでも世界の主要な都市と同様、20世紀の前半は路面電車が市民の足として活躍した。その歴史は１８７８年に開業した馬車軌道に遡る。その後、市街地内に鉄軌道を敷設、１９３０年にはライン川を越えてドイツ方面にまで伸びる郊外への路線も含めて、その総延長は２３４㎞におよんだという。しかしモータリゼーションの結果、60年代にはトラムは廃止され、すべてがバス輸送に切り替えられた。

80年代になると状況が変わる。増加する自動車交通と排気ガス対策のため、公共交通機関の拡充が議論の俎上に載る。また82年に制定された「国内交通基本法」によって「人は誰であれ自由に移動し、移動手段を選択する権利を持つ」とする「交通権」が認められたことも背景にある。低所得者や高齢者、身体障害者など誰もが差別無く移動できるよう、フランス各都市で公共交通の整備が急務となった。

この流れを受けて、ストラスブールでも85年に新交通システムの導入が検討された。しかし費用対効果に対する疑念から反対する市民運動が起こる。対案として提示されたのがトラムの敷設であった。新交通システムとトラムのいずれを導入するべきかが、89年に行われた市長選の争点になる。結果、トラムを支持した社会党のカトリーヌ・トロットマンが当選、フランスの諸都市でも先駆となるトラム網の導入が確定した。

94年、最初の路線であるA系統が開業した。第1期工事では、現在の価格にして2億９６００万ユーロ（約４００億円）が投資された。以後、現在までに合計6系統が整備されている。建設に必要な財源の一部には、９名以上を雇用している企業の支払い賃金に課税する公共交通機関税が充てられている。

トラムの導入によって環境に配慮した都市に。それにともなって産業も活発化した

●公共交通と都市ブランド

２００６年、ストラスブール市役所を訪問して担当者に詳しく話を聞く機会があった。なるほどと思ったのは、沿線のまちづくりが可能であるから、新交通システムではなく路面電車の敷設に踏み切ったという説明だ。当時、解決するべき最大の課題は都心を占拠する自動車をいかに削減するのかという点にあった。当初、選択肢にあった新交通システムでは、大量に市民を輸送することはできても、歩行者優先のまちづくりには貢献するところがないという主張に、市民も理解を示したようだ。

トラムを導入することで、ストラスブールの街は環境に配慮した先進都市に姿を改めた。都心に流入する自動車の総数は、トラムを導入するまでは日に約24万台を数えたが、08年段階のデータでは日割りで17万４０００台にまで減少したという。流入車両

数を約3割、削減することに成功したわけだ。5 6
ストラスブールでは早くから低床型の車両を採用、数百m間隔で駅を設置した。また主要な停留所では、同じプラットフォームの反対側に各方面に向かうバスが発着、乗り換えの利便性を高めるべく設計がなされている。あくまでも利用者の利便を優先しているわけだ。また南北の系統と東西の系統、併せて5系統が乗り入れている広場「オム・デ・フェール(Homme de Fer)」が都市のシンボルとなった点も面白い。ドーナツ型のガラス屋根が印象的な交通拠点が、トラムによって新たな機能を得たストラスブールのランドマークとなっている。

トラムの計画、車両の設計は
利用者の利便を優先している

ストラスブールは、自動車を排除した人に優しい都市として広く知られるようになり、対外的な認知度も高まり、併せて都市のブランド力も向上した。知識産業が立地するうえでも、暮らしやすい環境は有利に働く。パリと連絡するTGVも開業、政府の地方分権改革の一環として国立高等行政学院も拠点を持った。交通システムを見直すことで、新たなまちづくりに成功するとともに、産業も活性化した。ストラスブールの改革は、今日に至るまで欧州を始め、各地の都市政策に影響をおよぼしている。

→ イギリス　ロンドン　3

建築ツーリズム
オープン・ハウス

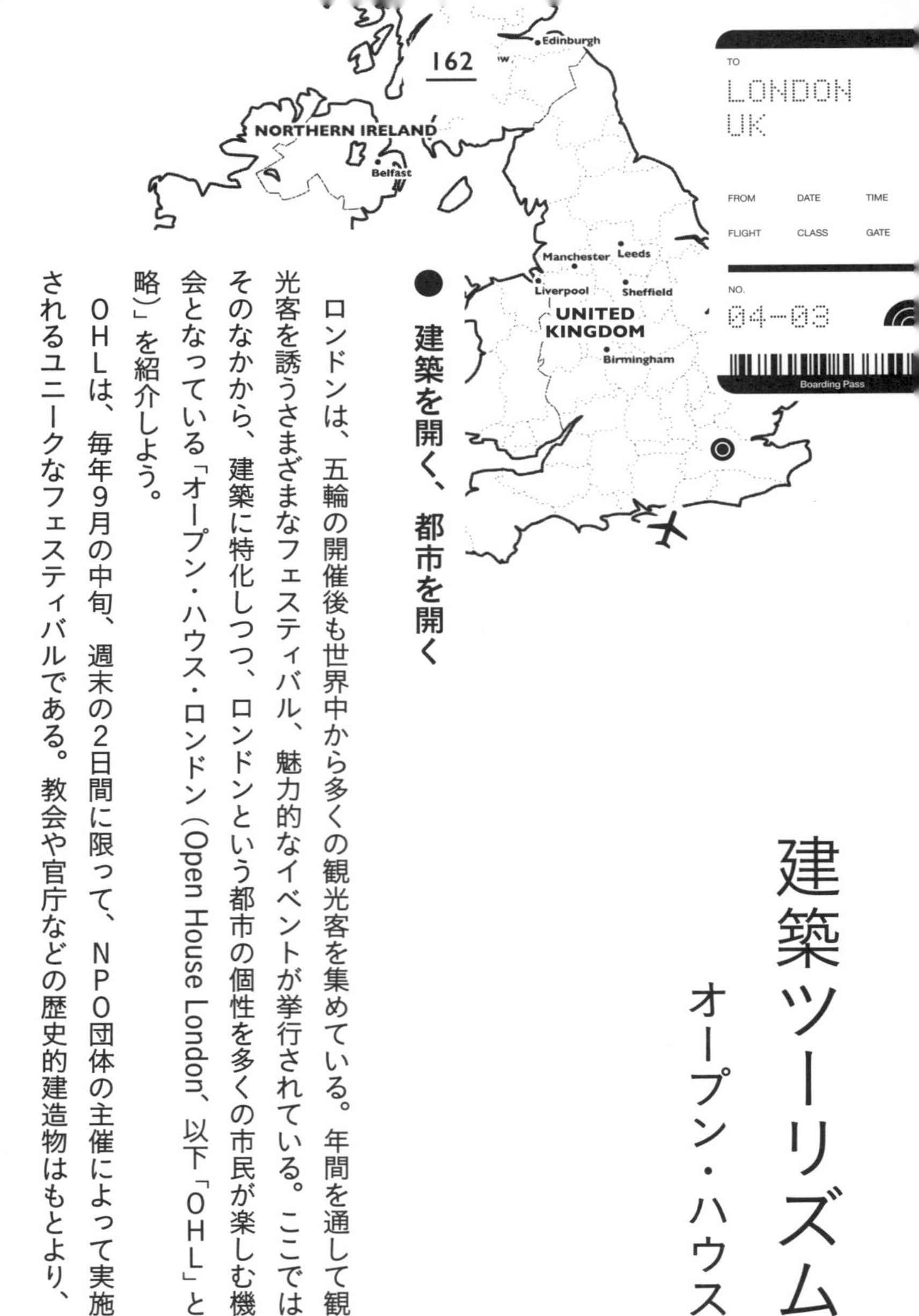

● 建築を開く、都市を開く

ロンドンは、五輪の開催後も世界中から多くの観光客を集めている。年間を通して観光客を誘うさまざまなフェスティバル、魅力的なイベントが挙行されている。ここではそのなかから、建築に特化しつつ、ロンドンという都市の個性を多くの市民が楽しむ機会となっている「オープン・ハウス・ロンドン（Open House London、以下「ＯＨＬ」と略）」を紹介しよう。

ＯＨＬは、毎年9月の中旬、週末の2日間に限って、ＮＰＯ団体の主催によって実施されるユニークなフェスティバルである。教会や官庁などの歴史的建造物はもとより、斬新なデザインを施した世界的建築家によるオフィスビル、時代の先端をゆく技術を集めた最新の公共建築、再開発がすすむ工事現場、一般の個人住宅、設計事務所などが特別に公開される。21回目の開催となる２０１３年には、おおよそ８００棟もの建物が公開された。

１９９２年の初回には、一般公開に協力した建造物はわずか20棟に過ぎなかったという。しかしその後、英国政府によるミレニアム・プロジェクトを始め、ロンドンの随所で再開発事業が進展し、建設ラッシュの時期を迎える。そのような時代背景のもと、ＯＨＬも話題となり、21世紀を迎えた頃には15万人を動員、さらに近年では約25万人が参加するイベントに成長した。

教会堂や市役所など、通常、一般に公開されている建築物もあるが、普段は非公開である個人住宅や工事現場など、このような機会がないと関係者以外は入ることができない建物も多く含まれる。なかには安全性の確保などの理由から、事前に予約をしないと行けない物件もある。人気のある建物の前には長い行列ができ、入場までに５〜６時間を要するところもある。

各所で販売されている分厚いガイドブックには、地図が添付されていない。ウェストミンスター地区など、主要な公開施設が集中しているエリアでは、チラシを配布し、公開された建築へと誘導するボランティアスタッフが補助してくれる。ＯＨＬのテーマカラーである黄緑の地色にロゴを染め抜いたバナーも随所に立てられている。それ以外の

公開される建物に掲げられた
オープン・ハウス・ロンドンのフラッグ

ボランティアスタッフ

場所では、イベント参加者はスマートフォンにアプリをダウンロードし、公開されている建築までのルートを確認しながら歩くことになる。❶❷

ロンドンの商業地区や住宅地では、古典的なジョージアン様式、華やかなビクトリアン様式など、英国に特有の外装をまとう歴史的な建造物が街並みをかたちづくっている。いっぽう都心の金融街には、SF映画のロケ地にもなりそうなハイテックの現代建築群が景観をつくり出している。2012年にはレンゾ・ピアノが設計、西ヨーロッパで最も高層となる高さ310mの「ザ・シャード」も開業した。今日のロンドンにおいては、新旧の建物がそれぞれ自己主張をしながらも共存している。❸

「オープン・ハウス・ロンドン」は、その名の通り、ロンドン市内に散在するこれらの名建築群を、市民や観光客に開くイベントである。同時に、市街地の全体を会場とすることから、ロンドンと呼ばれる都市そのものを、広く公開する機会となっている。都市全体が歴史的な建築のミュージアムであり、同時に現代建築のショーケースでもあるロンドンに、ふさわしいイベントといってよいだろう。

ザ・シャード

人気の「ガーキン」

建築の祭典、都市の祭礼

2013年の「オープン・ハウス・ロンドン2013」は、9月の2日間に開催された。もちろんわずか2日間で、800棟という公開建築のすべてを見ることはできない。筆者は金融街であるシティ地区、官庁街であるウェストミンスター地区、特別に公開が行われたバタシー発電所などを中心に、20棟ほどを視察した。

シティ地区で毎年、入場希望者が列をなして待つ人気のある建物のひとつが「30セント・メリー・アクス(30 St Mary Axe)」である。高さ180m、ノーマン・フォスターとケン・シャトルが設計を手がけた。ビルを保有する再保険会社の社名にちなみ、スイス・リ本社タワーと呼ばれることもある。またピクルスに使用するガーキン（小さいキュウリ）に、その外形が似ていることから「ガーキン（The Gherkin）」の愛称がある。4

世界的な保険会社の本店である「ロイズ・オブ・ロンドン」も、シティを代表するランドマークである。リチャード・ロジャースが設計、縦横に走るダクトやエレベーターなどの設備系を意図的に建物の外部に露出するメカニカルな外観が特徴的だ。「ガーキン」と同様に、公開されるたびに何時間もの待ち時間を覚悟しなければいけない人気物件である。公開時には、上層部に保存された旧建物の会議室や、大空間であるオフィス部分を中央の吹き抜けから眺めることができる。5－8

ちなみに2013年は、リチャード・ロジャースの生誕から80周年であったため、OHLでも設計事務所や手がけた建築作品を複数公開するとともに、同時期に開催された記念展覧会とのタイアップがはかられた。

いっぽうウェストミンスター地区は、古くから英国の政治的な中心として栄え、バッキンガム宮殿、英国議事堂、ウェストミンスター寺院、ウェストミンスター大聖堂などの歴史的建造物や史跡が集積しているエリアである。この13年のOHLの際には、外務省、財務省、最高裁判所、ホース・ガーズなどが公開された。各建物では、省庁の事業内容を紹介する展示などが用意された。古くは英国陸軍の参謀本部であり、現在は王室騎兵隊の司令部に充てられている「ホース・ガーズ」は、室内の見学とともに、近年、地下に発見された居室も特別に公開された。9－12

ロイズ・オブ・ロンドン

ウェストミンスター地区、ホース・ガーズ

外務省

13

「目玉」となったバタシー旧発電所

ウェストミンスター地区で高い人気を集めた施設が、いわゆる「ナンバー・テン」である。ダウニング・ストリート10番地にあることから、この通称がある。275年間にわたって、英国首相が内外の賓客をもてなす夕食会の場などに用いてきた首相の公邸である。ちなみに隣接する11番地は財務大臣公邸、12番地は院内幹事長公邸である。2013年度のOHLでは事前に申し込み、抽選で選ばれた人だけが限定的に入ることが可能になった。

この年の、いわば「目玉」となった建物が、「バタシー旧発電所（Battersea Power Station）」である。ジャイルズ・ギルバート・スコットが設計、1933年に竣工した大規模な石炭火力発電所は、53年に拡張、82年に役割を終えて閉鎖され今日に至る。テムズ川に面して屹立する煙突群は、界隈のランドマークとなっている。ピンク・

15

14

フロイドのアルバム『アニマルズ』のジャケットに描かれたことでも世界的に知られるようになった。[13]

しかし、跡地の再開発計画の進展がなく、長く廃墟のままに放置され、近傍の空地はイベントなどに暫定的に利用されていたが、ようやくマレーシアのディベロッパーによる複合施設の事業が具体化することになった。そのため2013年のOHLが、現状のままの発電所跡を見学できる最後の機会であることが報じられた。結果、公開初日には数時間待ちという長蛇の列ができていた。外壁と躯体の一部だけを残す廃墟内には、仮設のテントが設営され、かつての偉容を紹介する模型とともに、地域とのコミュニケーションプログラムや将来的な再開発事業の全体像を紹介するパネルや模型が展示されていた。[14]-

[17]

各現場では、物件のオーナーが積極的にイベントに協力してい

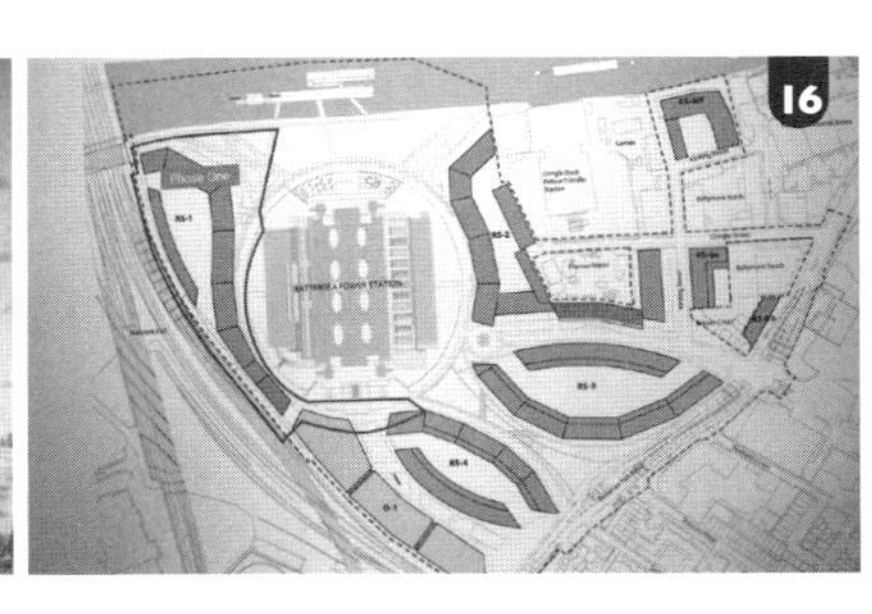

再開発構想の展示

る様子が印象に残る。各建物では、所有者側が案内スタッフを配置、活き活きと楽しそうにボランティアとして見所の説明にあたっている。ＯＨＬは、一部の専門家や建築マニアに向けたイベントではなく、一般の市民が参加して楽しみ、また建物の所有者も盛り上がる、まさに建築の祭礼である。

官公庁では、行政府がみずからの活動をＰＲするパネル展示や配布資料を用意、その施設が社会に果たしている役割を知る契機となっている。また再開発事業などでは、投入された最新技術や環境問題への対応などを紹介、市民がプロジェクトの全貌を学ぶ機会となっている。ＯＨＬは、単に建物を見物するという目的を越えて、都市の変貌を学ぶ社会学習の場になっている点がユニークである。

● 都市を教育の場に

「オープン・ハウス・ロンドン」は、建築教育を推進する立場に立って、市民の誰もが平等に、かつ無料で、優れた空間デザインを

ポスター

体感する機会を提供しようという主催者の理念に基づいて企画されている。建築と同時に、ロンドンの市民・場所を讃えるユニークなフェスティバルなのだ。２０１３年度のポスターでは、「Get into great architecture for free」とうたい、また「Celebrating architecture, people and place」と記載する。18

実際、イベントの当日には、建築に興味のある専門家だけではなく、多くの市民が実に楽しそうに、わが街にある新旧の名建築を巡って楽しんでいる姿を見かけることができる。なかでも印象的なのが、市内の数カ所で実施されている建築教育を目的とした子供向けのワークショップである。たとえばシティの中心にあるアーケード街では、子供たちに厚紙による構成作品や、巣箱などの建築的な造形物を自由に工作させて、建築物に関心を持たせるプログラムが行われていた。19-23

「オープン・ハウス・ロンドン」を主催する「Open City」は、広義の「建築教育」の普及を目的として結成された非営利団体である。当初は「Open House」の名で創設されたが、その後、都市そのものを開くという意味合いの現在の名称に変更されている。現在のスタッフは12名、そのうち専従は2名しかいない。小規模な組織が事務局となり、大勢の

シティでのワークショップの様子

ボランティアスタッフを動員して、800棟もの建築を公開する、大がかりなイベントの事務局を担っているかたちだ。

創設者であり、当初から代表をつとめるビクトリア・ソーントン氏は、経歴の初期にあって王立英国建築家協会（Royal Institute of British Architects）の企画で、一流の建築家が市民向けに講義をするイベントのスタッフとなった。その際の経験が動機となった。以降、建築評論などを専門としつつ、建築教育の重要性を説き続けることになる。近年、「建築教育」の分野でイギリスに貢献したと評価され、王立英国建築家協会の名誉建築家の肩書きを取得、さらに「大英帝国勲章（Order of the British Empire）」を受けている。

「オープン・ハウス・ロンドン」の初回が行われた1992年当時のロンドンでは、歴史的建造物の保存にばかり目が向き、新しい建築への関心が乏しかったという。当時の英国では、デザインの善し悪しに関わらず、年輪を重ねて維持された建物のほうが、新築の建物もよりも価値があるとする傾向があったようだ。

そこにおいてソーントン氏自身は、建築家ではなく市民の立場で建築を楽しみ、良質なデザイン

がもたらす価値を認識した。ロンドンに暮らす一般の市民も同様に、「自分のまちとの対話」を重ねることで、「現在」だけでなく、都市の「未来」について考える機会を持つことになるのではないかと考えたという。

またロンドンに点在する素晴らしい建物の多くは、概して閉鎖的であり、外観を眺めることはできても内部に入ることは難しいと思われていた。ソーントン氏は、都市にあるこの種のバリアを破壊して建築を都市に開くことで、市民が身近にある建物に対する意識を高めることになると考えたそうだ。ここにＯＨＬの原点がある。

１９９２年の初年度、20棟の公開からスタートしたイベントは、３年目には２００棟の参画を得るまでに規模を拡大した。予算をとって協力する区は、当初は2〜3であったが、年を追うごとに協力を申し出るコミュニティが増えている。２０１３年度の事業でいえば、事務局が計上している総予算は27万５０００ポンド（約５０４３万円）でしかない。しかし各建物の所有者が個別の公開に関して計上している費用やボランティアの人件費を数値化すれば、１０

子供たちを対象としたワークショップ

0万ポンドを遥かに超えることになると主催者は推察している。また上記の運営経費のうち、50%ほどが各行政区政府からの支援であり、残りを企業やディベロッパー、設計事務所、財団、信託銀行など、民間スポンサーからの寄付でまかなっている。

さらにソーントン氏は、学校教育の現場で、自分たちの周りの環境や建物について、学ぶ機会がないことが課題だと考えた。そこで子供たちに対する建築教育の実践と、行政職員や学校の教員、さらには建築家を対象に建築教育の教授法を普及することをミッションに掲げた非営利組織を設けることになる。

●オープンシティ・ワールドワイド

ソーントン氏の提案した「オープン・ハウス」は2日間だけに開催期間を限定することで、祝祭性を高めることに成功した。ロンドンでの成功を見て、多くの都市が類似のイベントを実施するようになった。

ソーントン氏は「オープンシティ・ワールドワイド」の名称で、ロンドンと同様に「オープン・ハウス」のイベントを実施する世界の諸都市の組織と連携をはかる仕組みを整えた。提携する都市は人口25万人以上、70棟を公開するイベントを2年内に実施することなどが条件である。その際、卓越した建築のクオリティと優れたデザインを紹介すると同時に、コミュニティ内で建築に対する理解と学習を促進するという「オープン・ハウス」の基本的な発想を維持することが求められる。また参加費は原則として無料、主催団体の政治的な独立性も条件となる。

2002年のニューヨーク、05年のダブリンを早い事例として、13年までに20を超える都市で同様のイベントが実施された。古代に遡る歴史を誇る都市もあれば、北米やオーストラリアの諸都市など近現代建築に個性を見せる都市もある。また郷土色の強い建築文化で有名な都市も含まれる。以下、年度順に記しておくと、テルアビブ・エルサレム・ヘルシンキ（07年）、メルボルン（08年）、ゴールウェイ（09年）、バルセロナ・スロベニア・ブリスベン（10年）、シカゴ・ローマ（11年）、リスボン・パース・アデレード・ブエノスアイレス・テッサロニキ・リメリック・ウイーン・アテネ・グディニャ（12年）、ニコシア（13年）となる。

「オープンシティ・ワールドワイド」に登録している各都市では、主に9月から11月のいずれかの週末、「オープン・ハウス」と称するロンドンの先例に倣ったイベントを実施している。連携する各都市でのイベントの動員数を加えると、毎年、総計100万人以上の人が、都市全体を会場とした建築の祝祭に参加している計算になる。

概して若い世代は現代建築を好み、年配の方は歴史的建造物に関心を持つという。しかし建物を眺めて街区を巡ることで、最初は自分の好きな建物を見学しても、やがて他の建物にも興味を持つようになる。

もっとも「オープン・ハウス」は、市民に対する建築教育の機会として企画されたイベントだが、「都市を代表する建築のショーケース」というその内容が、結果として多くの観光客を呼び込むうえで有効だと評価される面もあるようだ。たとえばグラスゴー市で行われている「Doors Open Day Glasgow's Built Heritage Festival」のように、「オープン・ハウス」とは連携せず、一般の文化事業や観光推進に特化したプログラムとして展開している事例も多い。

ともあれ、都市の物語を担うユニークな建築群が、従来はなかった人の動きや流れを生み、新たな賑わいを創出している。建築を文化財としてではなく、同時代の都市魅力として活用しようとする運動は、世界各都市に広がりをみせつつある。

都市のアーカイブ
フィルム・ツーリズム

→ フランス **パリ 2**

● 都市とフィルム・ツーリズム

都市における文化政策では、都市の固有性を尊重しつつ、「文化の多様性」を確保する姿勢であると考える。文化産業に関しても同様であろう。

たとえば映画などのロケ地誘致について考えてみたい。近年、世界中の各都市が、内外の映画やテレビ番組の制作者に情報を提供、ロケ地として宣伝しつつ、撮影隊の受け入れに躍起になっている。ロケ隊が中長期にわたって滞在することによる経済効果に加えて、ヒット映画や人気番組となった場合、撮影地を巡る観光客が増加することが期待される。

とりわけハリウッド超大作の舞台となれば、銀幕上のスターと自己を重ね合わせることは、ファンにとってこのうえない喜びだ。『ローマの休日』『冬のソナタ』などを挙げるまでもなく、ロケ地が世界的な名所や、多くの観光客を集める人気の観光スポットに転じた例は数多い。この種の文化観光の振興策、いわゆる「フィルム・ツーリズム」の促進は、多義的な波及効果が予見されるわけだ。

観光面の効果だけではない。一般の市民がエキストラとして出演、あるいは大スクリーンに映るわが故郷を見ることで、市民の誇り、すなわちシビック・プライドが向上することも予見される。

● 映画振興と映画館振興

もっとも、そもそも映画を制作する産業が立地している国では、都市にロケを誘致するだけでは文化産業政策としては十分ではない。この種のツーリズムと連動する、より積極的な映像産業振興策が必要になる。

先進的な事例がパリ市の試みである。華の都が独立した映画担当部局を置いたのは2001年のことだ。07年3月に責任者に話を聞くことができた。専従スタッフは14名。パリ市の映画施策の内実は、ユニークであると同時に多彩だ。

先に紹介したフィルム・ツーリズム、すなわち名作の舞台となったロケ地を観光客向けに宣伝するのも彼らの役割だ。どれほどの撮影隊がパリに滞在をしているのか。年間を通じて、おおよそ650本の映像作品がパリでロケを行っている。フランス国外から来訪、数日以上滞在して制作される映画作品も年間20を数える。パリは市街地そのものが「完璧なロケセット」であると担当者は世界中に宣伝を行っている。

パリ市担当者の説明では、観光客のうち6割にあたる人が映画で観たパリの印象に憧れて訪問しているのだという。たとえば近年の成功事例でいえば、ハリウッドで制作された『ムーラン・ルージュ』がヒットした後は、赤い風車がシンボルであるモンマルトルの由緒あるキャバレーに世界中から観光客が押し掛けるようになった。歴史のある名所に、新作の映画が新たな付加価値をもたらしたわけだ。

いっぽうで、フランスの映画文化を持続的に発展させる業務もパリ市の担当者の仕事だ。米国の映画ビジネスに対抗して、自国の文化産業を保護育成しようと、経年努力を払っている政府の文化政策国家とも響きあう。

たとえば映画館やシネマテークの拡充にも力を入れている。担当者からは、ミュージアムなどにある上映室も含めると、ヒアリングを行った2007年時点においてパリ市内に374のスクリーンがあった。毎週平均して15本の新作がかかり、240本ほどの旧作を観ることができると聞いた。パリは単なるロケ地ではなく、欧州有数の映画の消費地であるというわけだ。動員数だけではなく、その内実や質にこだわっている。

近年の施策でユニークなのは、パリ市が補助金を用意して、各区・各地域に残る独立系の単館映画館を支援している点だ。ヒアリング時の説明では、年間88万ユーロ（約1・2億円）の予算を確保、18の単館に財政面で支援を行う。各館は、パリ市の支援を得つつ、ロビーや外観の改築や音響・座席・スクリーンの近代化をすすめた。なかには閉館になっていた由緒ある映画館を再生し、再オープンを果たした例もある。

パリにも民営のシネマコンプレックスが立地、続々と新作がかかっている。いっぽうで市民にとって子供の頃からなじみのある映画館の経営が、苦境に陥ったようだ。各区にスクリーンを確保するべく、既存の映画館を支援する施策は、「映画」の振興策ではなく、いわば「映画館」を拠点とする地域振興策であり、併せて「映画文化」の振興策という意味合いも持つ。一連の施策は、都市内における「映画文化の多様性」、あるいは「映画館の多様性」を確保することに通じる。

またパリ市の映画施策の担当者は、公的な資金を投入して、子供たちが自国の映像文化への関心を持つべく、各種のイベントも行っている。フランスの映画文化を持続させるためには、次世代の映画ファンを増やし、未来のクリエイターを養成する契機とすることが重要だという認識がある。映像産業の振興と文化政策とのはざまにあって、「多様な映画文化」「多様な映画館」が共存する状況をいかに生み出していくのか。手厚い支援策を用意するパリ市の姿勢は興味深い。

●都市のアーカイブ

パリにおける公的な映画関連事業のなかで、最も関心を持ったのは、都市そのものの映像を集め、記録し、一般に公開するアーカイブの設置と運営である。

市場跡を再開発した地下ショッピングモールである「フォーラム・デ・アール」は、現在、再開発地区全体のリニューアル、いわば再・再開発が進行中だ。それに先行するかたちで、地下フロアにある公的な映像施設であるシネマテーク「フォーラム・デ・イマージュ」の拡充がすすめられた。

機会を得て、運営担当者に話を聞くことができた。事業の内実が実に興味深い。映画やテレビ、ショートフィルムなど形態は問わず、またバラエティ、ドキュメンタリー作品や記録映像など分野も気にせず、パリが舞台となるありとあらゆる映像を収集しているというのだ。無声映画から近年のドキュメントに至るまで、その総数は7000本を超える。パリに関する多彩な映像を市民に提供するべく、10年分の著作権料を先払いしているのだそうだ。

もっとも単なるシネマテークとは一味ちがっている。テレビ局や開発事業者などと連携しつつ、みずから制作するケースもあるという。たとえば再開発地区に住まう人々な

映画館通り。鉄道駅からフォーラム・デ・イマージュと
民間のシネマコンプレックスを連絡している

映画館通りにある施設群の案内看板

さまざまな世代の市民に利用され、
学者によるトークセッションも開催される

ど、市民へのインタビュー映像を重ねている。また主要な公共施設や都市計画事業にあっては、記者会見から竣工に至るまで、工事の全貌を撮影し、映像素材として残すことも業務としている。パリという都市の歴史だけではなく、都市問題を含めた現状を記録し続けているわけだ。

いっぽうで厖大なコレクションを基に、社会学者や地理学者、心理学者、歴史学者などが語り合う催しも、しばしば企画しているという。「イメージの広場」と名付けられた施設は、文字通り、映像を媒介として人々が都市について語り合う場となっているわけだ。

新装なった「フォーラム・デ・イマージュ」を2011年の春に再訪した。前回の訪問と変わっていたのは、地下の鉄道駅からフォーラム・デ・イマージュ前を経由して、奥にある民間のシネマコンプレックスへと至る通路が「映画館通り」と改名されていた点だ。

1 2

シアターでは連日、名作の上映がある。しかし面白いのは、やはり映像のアーカイブである。テーマごとにパリを舞台とした作品を検索することができる。加えて、パリ市の地図からその場所

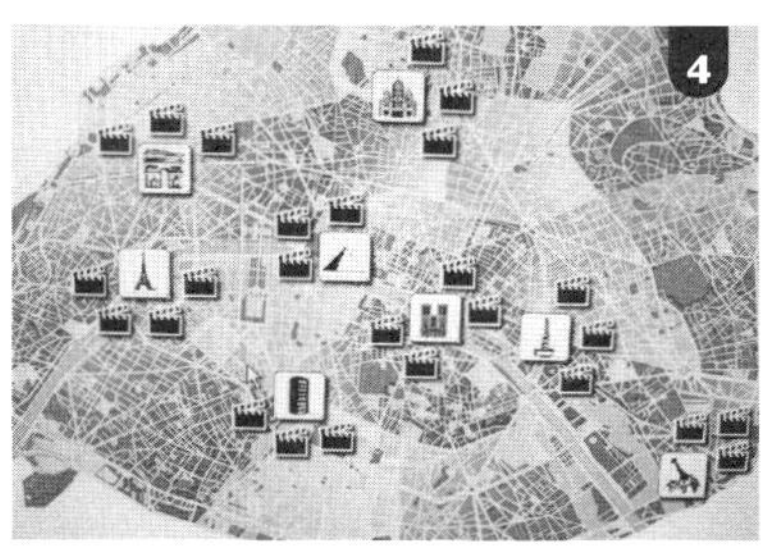

パリのランドマークに関する映像も
検索可能

を舞台とする映像を探し出すことができるように工夫されている。使用料を払えば、誰もがソファでくつろいで、「映画の街」が生み出した豊かなストックを見ることができるわけだ。平日にもかかわらず、この公的なシネマテークを、さまざまな世代の市民が利用していた。映画はパリ固有の文化産業であり、また市民にとって欠くことのできない生活文化だとする想いが、わが街のドキュメントを収集するこのシネマテークにも託されている。3-5

都市の歴史としてのパリに関するあらゆる
映像を収集、さらには制作まで行われる

コンクリートの詩学

戦後復興のデザイン

→ フランス **ル・アーブル**

● ノルマンディの港湾都市

ノルマンディ地方の中心都市であり、なおかつフランス北部を代表する港湾都市ル・アーブルは、セーヌ川河口に位置する。ル・アーブルはフランス語で「Le Harvre」と表記する。英語にすると「The Haven」となる。あえて日本語でいえば「津」「大津」とでも呼ぶべきだろうか。文字通りの「港町」だ。

ル・アーブル港は2009年のデータでは年間7400万tの貨物取扱量を誇る。フランスではマルセイユに次いで2位、北西ヨーロッパでも5番目の規模となる。コンテナ取扱量の拡大に対応するべく、港湾再開発計画「Port2000」に従って、新たな大型埠頭を順次、整備している。

港のランドスケープにあって、シンボルとなっているのがノルマンディ橋である。セーヌ川を跨いで、対岸のオンフルールとを連絡する全長２１４３ｍ、中央径間８５６ｍの斜張橋である。

ル・アーブルはまた印象派にゆかりの地としても知られている。「光の画家」の別称で知られるクロード・モネは、パリの生まれだが5歳からはこの港町で育っている。１８７３年、彼はル・アーブル港の風情を描いた作品を制作、展覧会に出品する際、「印象・日の出」とタイトルをつける。これが、いわゆる印象派の名の起こりとなった。

●オーギュスト・ペレによる復興計画

第2次世界大戦が始まると、ル・アーブル港はイギリス軍の補給基地として利用される。しかし１９４０年、ドイツ軍による侵攻を受けて、イギリス軍は撤退をやむなくされる。さらにフランスが降伏したのち、街はドイツ軍に占領され、対英攻撃の拠点のひとつとなる。

ノルマンディに上陸を果たした連合国軍の補給線を確保するためにも、進駐しているドイツ軍を叩き、基幹港の奪還をはかる必要があった。44年9月5日にイギリス空軍によるル・アーブルへの空爆が始まり、港湾施設の95%が使用不能となったという。さらに中心市街地も爆撃にさらされ、死者５０００人、家屋の破壊1万２５００戸、住まいを失った者は8万人という被害があった。連合国軍によって解放はされたが、歴史ある港町は無惨にも破壊されていた。

戦後復興が急務となった。ドイツからの賠償金をもとに、復興プランが作成される。１９４５年春、都市再建省はル・アーブルの復興業務を、世界的に有名な建築家オーギュスト・ペレと彼の工房に委託する。

オーギュスト・ペレは１８７４年にベルギーのブリュッセルに生まれ、パリのエコール・デ・ボザールで学んだ。在学中の90年に最初の建築設計を手がけているが、のちに兄弟であるクロード、ギュスターブとともに父の建設会社を相続する。ペレ兄弟は、当時はまだ新しい構造形式であった鉄筋コンクリート造に注目、１９０３年にはフランクリン街のアパートメントを竣工させ、鉄筋コンクリート設計専門の看板を掲げた。

ペレは、躯体は主に鉄筋コンクリート構造とし、仕上げはコンクリートを剥き出しとする「打ち放し」を用いた。プレキャストコンクリートを使用した実験的作品もある。しかし意匠においては、テクスチャーとディテールを重視、古典様式を近代的に解釈、オーダーのある建物やゴシック建築を想起させる表現なども駆使して、新たな芸術表現を追求した。「コンクリートの父」の異名で呼ばれるゆえんである。

整然とした区画は6.24mのモデュールで構成される

集合住宅棟の外観の構成、
低層部は店舗やオフィスが入る

ル・アーブルでの復興にあたっても、ペレは鉄筋コンクリート造の整然とした集合住宅からなる都心を構想しつつも、個別の建物の設計にあたっては古典的な意匠と構造美を採用しようとした。碁盤目状の区画にあって、メインストリートと呼ぶべき道がフォシュ通りである。西端は市庁舎に通じ、東端はオケアノス門に至る。通りに5~6階建ての建物がならぶ。ファサードにエジプト風の柱頭を載せた浮き彫りのある円柱のある建物もある。第2次世界大戦の人々を刻む浅浮き彫りで飾る。47・5mの双塔からなるオケアノス門も、モニュメント的な装飾で飾られている。

復興した街区では、6・24mおよび、倍数がグリッドやモデュールの基本となっている。当時、コンクリート梁では最適とされた長さが、基準となる寸法として採択されたかたちだ。典型的な集合住宅棟では、店舗や事務所とする低層部の上に、2層か3層をブロックとして水平にバルコニーのある住宅を載せる形式である。クラシカルな構成美を見せる外観と比べて、住居としての機能は、実に近代的かつ合理的だ。居間や台所には大きな窓を設けて採光に配慮、送風式暖房を備えたセントラルヒーティングやダスト・シュートを導入、浴室や台所も機能性を重視した設計にな

水平的な市庁舎と対照的な塔は
ペレの死後に増築された

屋根を支える柱頭部分には
オーダーが見える

っている。なおかつ断熱や防音にも配慮がなされていた。1 2

ペレは1954年に永眠している。その後も、復興計画が描かれた都心部では、弟子たちやそのほかの建築家によって、いくつもの建物が竣工をみた。第2次世界大戦の犠牲者を追悼するモニュメントを兼ねたサン・ジョゼフ教会はオーギュスト・ペレにとって最後の作品として知られている。ただ実際は51年末の着工、死後、弟子が完成をさせたものだ。八角形平面の尖塔は高さ110m、頂塔の鮮やかなステンドグラスから、教会内に光が注ぎ込む。

また市庁舎は、ペレとジャック・トゥルナンの作品である。着工は53年だが、58年に落成した。高さ72mの塔はその後、増築されたものだ。3 4

ジュール・フェリー広場には、オテッロ・ザバローニが手がけた4階建ての荘厳な商品取引所が建設され、57年に竣工している。近年になってこの建物は、カジノ、レストラン、バー、ホテルなどに転用されたが、当初の外観は保存されている。ガラス張りの格子が印象的な商業学校は、ペレ工房の精神を継承する建築家ロベール・ロワイヨンの作品である。ル・アーブルの都心部では、コンクリート構造の革新的な使用とともに、プレハブの効果的な利用が企図されながら、多数の集合住宅とともに、公共建築の整備がすすんだ。戦災から復興した市街地がその全体像を示すまでに、20年を超える歳月が費やされたという。

●復興市街地を文化財に

フランスでは、建築的・都市的・景観的文化財保護区域（ZPPAUP）という国の制度がある。1983年に規定された建築的・都市的文化財保護区域（ZPPAU）に、93年1月8日に制定された「景観法」に基づく「景観的文化財保護区域」を加味したものだ。そもそも政府が主導してきた歴史的環境の保護政策を、地方政府に分権をしたものである。実際は基礎自治体の議会での議決のもと、首長の下に設けられた作業グループが調査を行う。都市計画とは別途定められる景観保護の制度だが、基礎自治体が策定する法定都市計画の参照文書となる場合もあり、広義の都市計画制度と考えることも可能だろう。

95年以降、オーギュスト・ペレの工房によって計画され、第2次世界大戦による戦災の復興事業によって竣成したル・アーブルの市街地も、ZPPAUPの対象となる。行政は、既存の建物の塗り替えや改築に関するガイドラインを示した。また新規の建築行為にあっても、ペレが計画した都市の構造を乱さないように配慮することが明示された。

戦後になって建設された鉄筋コンクリート造の市街地が、「文化財」として意識されるようになったわけだ。欧州の戦災復興では、古写真を頼りに、破壊された歴史的な街区や記念性のある建造物を元通りに復元する都市もあった。対してル・アーブルでは、あまりにも近代的な復興が試みられた。その象徴である鉄筋コンクリート造の真新しい集合住宅を見て、多くの市民は郷土への愛着を喚起することができなかった。むしろ醜悪と思う人もあったようだ。しかし竣工後、30～40年が経過した段階で、オーギュスト・ペレが手がけた近代的な建築群が早くも文化財としての価値を得るようになる。この価値の転換が、市民の意識を改め、忘れかけていた郷土愛と市民としての誇りを喚起することになる。

復興市街地を世界文化遺産に

さらに21世紀になると、ル・アーブルの市街地を世界文化遺産に登録しようという動きが顕著になる。ル・アーブル市当局、ならびに国際組織である「DOCOMOMO」が、

市街地と対照的な形態のボルカン

建築遺産の目録調査を実施した。その際、ペレやその継承者が設計した建物群に加えて、ブラジル人建築家オスカー・ニーマイヤーが設計した火山型の文化複合施設「ボルカン」をも含めて、登録の対象とすることとされた。5
もっとも鉄筋コンクリート造の集合住宅群を中心とする復興市街地を世界文化遺産に登録するまでの道程は、決して平坦なものではなかったようだ。そもそもオーギュスト・ペレの作品は、評価とともに批判もあり、また現代の建築群や文化的景観を登録した先例が少ないといった課題があった。

ル・アーブルに建設された市街地が、オーギュスト・ペレが遺した「普遍的で壮大なる価値」であることを世界に訴えるべく、映画の制作や巡回展が企画された。ル・アーブルの市庁舎での開催を皮切りに、展示会は世界各国を巡回した。

関係者の運動が実る。2005年7月15日、ル・アーブルの市街地133haが、ユネスコの世界文化遺産に登録される。戦後の都市計画の優れた例証であるとともに、建築群がコンクリート建築としての革新性や可能性を示した点が評価された。世界文化遺産

外国人観光客向けのホテルなどに転用された商品取引所

の基準のうち、「ある期間を通じてまたはある文化圏において、建築、技術、記念碑的芸術、都市計画、景観デザインの発展に関し、人類の価値の重要な交流を示す」「人類の歴史上重要な時代を例証する建築様式、建築物群、技術の集積または景観の優れた例」という点を満たしていると判断された。産業遺産や文化的景観、20世紀建築などの登録を推進することをうたった新たなグローバル・ストラテジーが採択された点も、ル・アーブルの登録への動きを、後押ししたようだ。

復興都市の観光資源化

世界遺産の評価に際して、街は「コンクリートの詩学」などの表現で、その素晴らしさが讃美された。05年7月18日、市庁舎前の広場で世界遺産への登録を祝う大規模な集会が開かれた。以後、ペレが設計したオリジナルを尊重するべく、補修にあたっては初期の色使いや材質での維持がされねばならないことになった。

市は、市街地の世界遺産登録によって、外国人観光客

当時を再現した室内からは採光に配慮した、近代的な空間と生活の様子がうかがえる

の増加を見込んだ。海水浴場を新設、観光業に力を入れることになる。かつての商品取引所を改築、カジノ、ホテル、レストランからなる施設が開業した。6

また市の「芸術と歴史の街」セクションが、ル・アーブルの再建に関する知識を広めるために、教育プログラムを組み立て、テーマごとのアトリエや見学コースを運営してきた。加えて、1950年代当時の室内を再現したアパートも用意され、一般公開されるようになった。7 8

世界遺産への登録が決まった翌年にあたる2006年には、ル・アーブルの市街地を舞台として、ナントを本拠とする劇団ロワイヤル・ド・リュクスの公演が行われた。ジュール・ベルヌ生誕100周年記念公演で『80日間世界一周』にインスパイアされた「スルタンの象と少女」という演目である。

4日間かけて街全体で公演された「スルタンの象と少女」

巨大な象に乗ったマハラジャ（大王）と異世界からきた女の子が出会い、交流するというストーリーが4日間、街全体で演じられた。十数名が操作する高さ12mもある機械仕掛けの巨大な象は、腹や背中に人を乗せて、バンドの演奏にあわせて水を出しながら街を練り歩く。芸術的な職人技と最新のテクノロジーの融合したショーが、クラシカルな建築群を背景に展開された。新旧のデザインの対比が顕著となった催事を見るにつれ、常に新たな創造に意欲的なフランスの文化的な風土への共感を感じざるをえない。9-11

HIMMEL
Berlin
Berlin
BONJOUR

05

コミュニティ・アート

地域とアートの最前線

→ 01 NANTES FRANCE
→ 02 PARIS FRANCE
→ 03 BERLIN GERMANY
→ 04 RUHR GERMANY

→ フランス　ナント 2

現代アートの実験場兼、街角のビストロ

リュー・ユニック

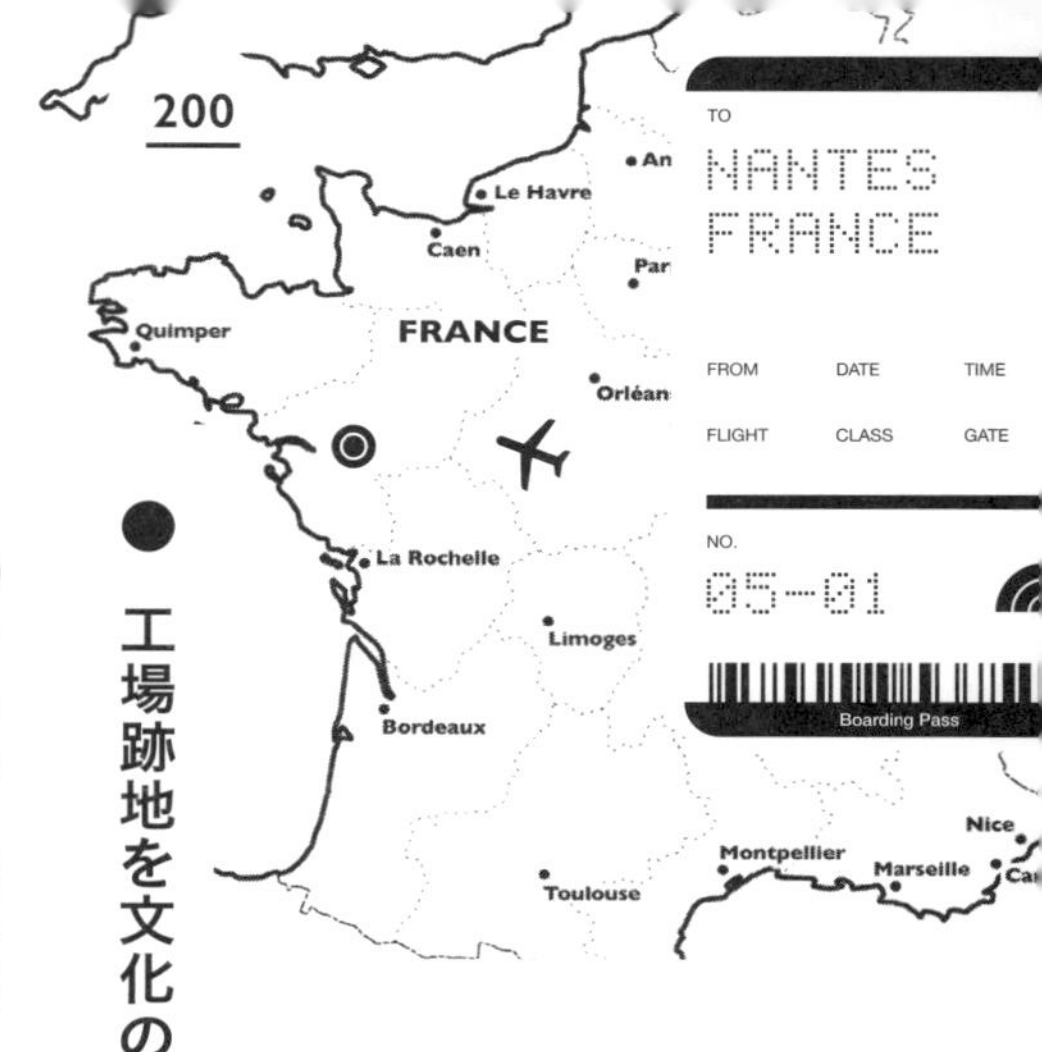

● 工場跡地を文化の拠点に

49ページでも触れた、ナント市の文化政策の水準の高さを世界的に知らしめた事業が「リュー・ユニック（Le Lieu Unique）」、フランス語で「唯一の場所」という意味の複合文化施設である。1 2

そもそも「LU」とは、フランスを代表するビスケットの名称である。その創業は19世紀に遡る。菓子職人ジャン・ロマン・ルフェーブルがナントのケーキ屋に勤務、１８５０年になって店を継ぎ、マカロンなどの菓子を生産した。また港湾都市だったナントとい

アール・ヌーボー風の塔がシンボル。リュー・ユニック

ビスケット工場を文化とアートのオルタナティブ・スペースに

う土地柄もあって、船乗りのために日持ちのするビスケットの販売も始める。事業は拡大を続け、大規模な新工場を市街の外れに建設した。

１９０５年頃、ビスケット会社は建築家オーギュスト・ブリュイッセンに依頼、ブルターニュ公爵城に面した場所に新たな工場を建設する。ゲートとして設けられたアール・ヌーボー風の双塔がシンボルとなった。頂塔のデザインは、パリ万国博覧会に出展された前照灯を模したものという。張り出し窓には、トランペットを吹く天使像が置かれている。ドーム状の屋根部分には６つの窓があり、力と名声を象徴するワシの彫刻で飾られた。

20世紀半ばまでに工場を拡張、２０００人を雇用する規模となった。しかし86年になって、郊外移転に従い市民に愛された歴史のある工場施設は閉鎖される。90年代初頭、８８２１㎡におよぶ廃工場の大空間に魅力を感じた劇団「ロワイアル・ドゥ・リュクス」が練習場として使用するなど、いくつかの文化団体が、ここを占拠するかたちで暫定利用を重ねていた。3

94年、「ナント市国立舞台（Scene Natio

鋸状の屋根が見える。工場の建物はできるかぎり再利用された

nal)」として知られる「文化振興のための研究センター（CRDC：Center de Recherche pour le Development Culturel)」も、この工場跡地に目をつけて、フェスティバルを実施する。イベントを成功裏に終えたのち、関係者が文化活動の拠点として再利用することを市長に提案した。翌95年、ナント市が工場建物を購入、建築家パトリック・ブシャンのデザインによって、建物を象徴する塔とともに工場施設の主要な構造を最大限に活用するかたちで、98年に他に例のない文化施設への改築が始まる。

地域密着型のオルタナティブ・スペース

2000年1月1日、2年間の工期と約1億3000万円を費やして、文化とアー

鋸屋根の工場大空間がアート展示スペースに

船板などの廃材で天井が張られている。
かつての港町の歴史を可視化

トのオルタナティブ・スペースである「リュー・ユニック」が開業する。「時の痕跡」が残るよう、煉瓦壁、配管、階段など、随所にオリジナルの状態を残した。

鋸状の屋根を残した工場の大空間は、「庭（The Cour）」と命名された。通常は現代美術の展示空間に使用されることが多いが、3500人を収容するホールとしても利用できる。4「大アトリエ（Grand Atlier）」は、幅17m、天井高13m、奥行き35mの広さが

滞在型アートスペース

ある。マリ国のテキスタイルをコンクリートの壁一面に５００枚ほど張って仕上げとするなど、フランスとアフリカの文化を融合させたエキゾティックな雰囲気の劇場である。天井には、船板などの廃材を利用、かつての港町の歴史をインテリアとして可視化している。5

ナント市およびフランス文化省からの助成を受けつつ、工場の活用を推した「ＣＲＤＣ」が運営を担う。開館当初の２０００年の夏には、施設内をナント美術学校出身の若手アーティスト90人の作品で埋めつくす展覧会を開催した。その後、前衛的な企画展のほか、小規模なコンサートから国際的なフェスティバルまで、またジャズ、クラシックなどの確立された音楽から実験的なエレクトロニック音楽まで、幅広く公演が行われている。地元の作家に制作場所を提供するなどアーティスト・イン・レジデンス事業も実施している。6

「リュー・ユニック」がユニークなのは、あくまでも地域密着型の「現代ア

レストランスペース。気軽に立ち寄れる、街のなかの「生活回廊」

ートの実験場」を目指している点だ。文化施設に足を向けない市民を対象とした各種のアウトリーチ事業を実施するとともに、施設全体の稼働率を上げるべく、館内にブックショップ、バー、レストランなどから構成される「生活回廊」を併設、一般の市民が気軽に立ち寄れる場としている。バーは値段も安く、学生やアーティストたちの「たまり場」となっている。週末にはナント市内外のＤＪによるライブも開催、若者を集めるように工夫をしている。復元された塔も、展望台として04年より一般に公開された。7

● 文化都市への転身——市民とアーティストとともに

82年の地方分権改革を契機として、中央集権型の国家であったフランスでも、政府が持つさまざまな権限を地方自治体に委譲、地方分権化がすすめられている。従来以上に、広域地方圏、あるいは市が裁量権と予算を持つことで、独自のプロジェクトの実行が可能となった。近代的な産業都市からの転身をはかることを余儀なくされたナントも例外ではなく、広域圏の中核都市として、圏内での循環型地域経済の創出が課題となった。

また地方分権の流れは、文化政策にもおよぶ。「文化のパリ一極集中」を是正するべく、文化省の文化予算策定や意思決定に関する権限も委譲、全国26地方に文化事業地方指導局（Directions Régionales des Affairs Culturelles）が設置された。並行して、文化や芸術の概念も拡張される。現代舞踊、現代音楽、ロック、ジャズ、コミックなどのポップ・カルチャーやサーカスも芸術として認知されたことで、都市レベルで大衆文化を支援する文化政策が可能になった。

文化に依拠するナント市の都市再生事業は、このような流れのもとに具現化したわけだ。そこにあっては、地域および市民の「生活の質（Quality of Life）」を高めることが、ことさらに意識されたという。結果、ナント市の試みは大きく成功を収めることになる。ナント市は03年、フランスの週刊誌『ル・ポワン』が人口10万人以上の都市を対象に行っている「フランスで最も住みやすい都市」のランキングで第1位となった。その後、08年までの6年間に3度、首位を獲得している。さらに04年には米国の『タイム』誌が選ぶ「欧州で最も住みやすい都市」でも第1位に選出された。

特徴的な文化に突出することで、ナントは住みよい街という称号を得る。さらには、世界に情報発信されるフェスティバルの実施によって、従来にないツーリストを世界中から迎えることになった。

ナントの都市再生において象徴となった「リュー・ユニック」は、市民にとっては、機会があればしばしば立ち寄る、いわば「街角のビストロ」のような親しみやすい文化施設であるという。しかし同時に、欧州における「現代アートの中心」であるべきだと関係者は考えている。双方の機能を兼ね備えることで、文字通り「他のどこにもないユニークな場所」となるという理屈だ。このような発想が生まれた背景には、アーティストは社会から隔離された存在ではなく、市民の生活と常に接していることが大切だという確信がある。そのいっぽうで、市民も単に文化的なサービスを消費しているだけではいけないという主張があるようだ。文化に関する目利きとしての力量を持つ、文化を自分のものとする市民を育てることが重要だとする、ナント市の文化政策の方針に学ぶべき点は多い。

芸術の都の再開発
アート・リノベーション

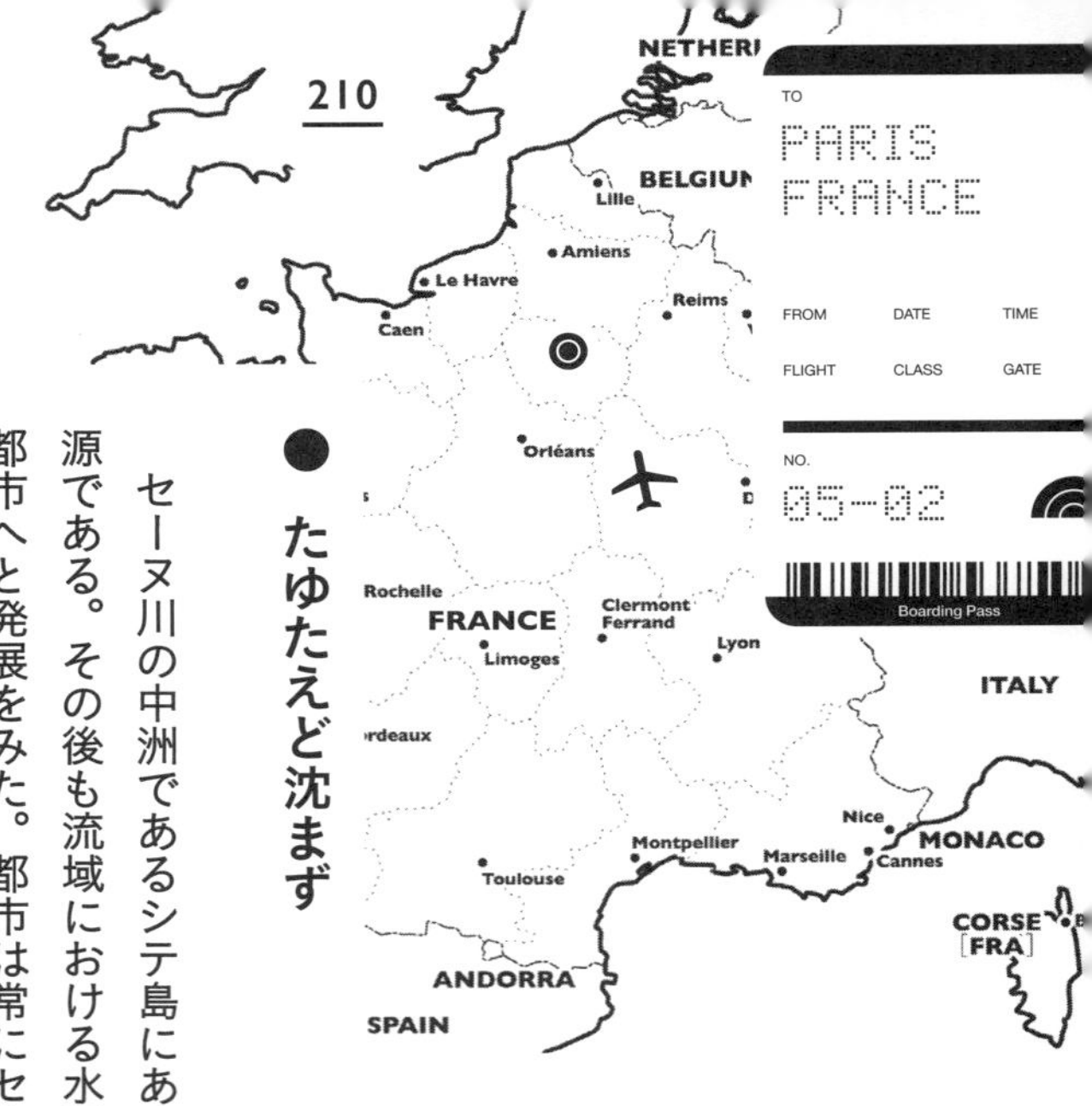

●たゆたえど沈まず

セーヌ川の中洲であるシテ島にあった渡河地点に位置した集落ルテティアがパリの起源である。その後も流域における水運の中心地として繁栄を重ね、やがて欧州有数の大都市へと発展をみた。都市は常にセーヌの流れとともにあった。ゆえにパリの市章も、風を受けて帆を張る船を描いている。そもそもは「セーヌ川水運組合」の紋章であったものを、都市のシンボルへと転用したのだそうだ。

パリ市民の標語「Fluctuat nec mergitur」も水運と無縁ではない。日本語に訳せば「たゆたえど沈まず」の意味になる。いかなる強風にさらされても、いかに揺さぶられて沈むことはない。動乱を乗り越えつつ、前にすすむパリ市とパリ市民を、不沈船に見立てているわけだ。

歴史のある都であるがゆえ、再開発や新規の環境デザインにあっても、文化的なストックを活かしつつ、絶えず新たな試みをなす柔軟さが求められる。たとえば都市の外縁部における都市開発にあっても、その地域の固有性が尊重される。

● 周縁部の再開発

ここでパリ市街地の東南部における再開発から、いくつかの事例を紹介しよう。先行して実現したのが、フランソワ・ミッテランの指導のもと、１９８０年代に実施された都市改造である。

80年代、ミッテラン大領領は、巨大な文化施設を複数建設して都市の面目を一新するべく、ルーブル美術館の新館、デファンス地区の新凱旋門（la Grande Arche）、ラ・ビレット公園、アラブ世界研究所などからなるパリ改造計画「グラン・プロジェ」を立ち上げた。この時、パリ市街地の東南部にある12区・13区でも国家プロジェクトを含む大規模な再開発がすすめられた。

対象となったのが、主にリヨン駅の東方、セーヌ川を挟む一帯である。そのひとつが経済・財務省の新庁舎建設構想である。フランスの財政を司る庁舎は1871年以降、ルーブル宮殿のリシュリュー翼に所在していた。しかし「大ルーブル計画」との関連で移転が余儀なくされる。選定されたのがベルシー橋のたもと、かつて退役軍人省の施設が建っていた面積23万㎡の用地である。

1988年、ポール・シュメトフとボルハ・ユイドブロの設計による新庁舎が竣工した。5つに分棟された建物は、革命やパリの政治に貢献した歴史上の人物にちなみ、それぞれネッケル・ボーバン・コルベール・シュリー・テュルゴーと命名された。川に建物の一部が立ち上がるデザインが印象的である。

いっぽう13区における都市改造の端緒として建設されたのが、「パリ新国立図書館（Bibliothèque Nationale de France）」である。89年7月、244のチームが参加した国際的な建築設計競技が実施された。結果、英仏の4案、すなわちフューチャー・システムズ（英国）、ジェームズ・スターリング（英国）、ドミニク・ペロー（仏）、フィリップ・シェとジャン・ピエール（仏）の提案が優秀賞に選定された。これを受けて大統領が裁定、ペローの案が採用される。矩形の敷地の片側に、ガラス張りで高さ100m級の超高層ビルが4棟、2棟ずつ、それぞれL字型平面になるように向かい合って建設された。その外観は本を開いて立てた姿を連想させる。中央部には矩形に中庭を取り囲むように地下閲覧室が設けられた。高層棟の多くは書庫として利用されているため、各窓に木製の開閉式ボードが付加されている。建物は94年に竣工したが、1000万冊を超える書籍や資料を受け入れて、新たな図書館がオープンしたのは96年のことだ。

●倉庫のリノベーションとモードデザイン

このエリアでの都市開発は継続されている。セーヌ右岸にある12区のベルシー地区では、近年、新たな商業施設「ベルシー・ビラージュ」が開業した。かつてこのエリアには、ブドウ畑とワインの貯蔵倉庫が並んでいた。またセーヌ川や、パリから縦横に内陸に走る運河網を用いた舟運によって、パリに運ばれてくるワインの流通拠点でもあった。その雰囲気を称して、「パリの田舎」とも呼ばれることもあったという。

しかし主たる輸送手段が水運から陸運へと転じた結果、一帯は寂れてしまう。そこで再開発が構想されたかたちだ。ワインの貯蔵庫は、その外観をそのままに活かすかたちで、レストランやブティック、シネマコンプレックスなどから構成される新たなショッピングエリア「ベルシー・ビラージュ」へと生まれ変わった。1

近傍に林や花壇、池、ブドウ園などを配置するベルシー公園が整備された。幾何学的なフランス庭園ではなく、あえて自由な雰囲気の緑地としたのは、かつてこのあたりにあったブドウ畑のランドスケープを意識したものだろう。また対岸に渡る人道橋を経て、新国立図書館を見晴らす景観も意識されている。映画のミュージアムも立地している。2

商業施設へと転用された家型のワイン貯蔵庫が歩道に沿って並ぶ

周辺には公園や映画のミュージアムも整備された

セーヌ左岸の13区でも再開発が継続している。最近、話題となったのがモード・デザインの拠点施設「レ・ドックス(Les Docks)」である。２００９年にフランスモード研究所(Institut France de la Mode)が入居し、展示会を開催されるスペースの完成を待って、正式に12年4月に開業した。船のドックや倉庫が建て詰まったオーステルリッツ駅近傍の河岸を再生する事業の象徴となる施設だ。開館時には、川久保玲氏の「コム・デ・ギャルソン、ホワイトドラマ」特別展が実施された。

川に面して立つ総面積1万４４００㎡の巨大施設は、１９０７年に建てられた鉄筋コンクリート造の倉庫を全面的に改修したものだ。施設内には３４００㎡のイベントスペースが確保された。ファッションショーなどモード界の主要な展示会やイベントに対応することを想定したものだ。

ユニークなのはその外観である。躯体はそのままに、スチールとガラスでできた複雑な幾何学模様の骨組みを付加している。緑色のチューブのような構築物が、川側に張り出した遊歩道と屋上に設けられた大テラス空間を連絡し、

かつての倉庫の構造躯体と増築された
部分による構成が見える

躯体に巻き付くチューブが
建物とその周辺に人の流れを
新たに生み出す

外部化された空間を通じて新たな人の流れを生み出している。木製のデッキやテラスは、夜間には美しくライトアップされている。対岸からは、うねるようなグリーンのチューブが既存の施設に巻きつくように見える。ドミニク・ジャコブとブレンダン・マックファーレンが提案した「プルオーバー」と呼ばれるデザインの実践である。3-6

改めて述べるまでもなく、パリは世界のファッション界をリードする都市である。その新拠点が、あたかも既存の建物が新たな被服をまとっているように見える点が

市街地郊外の工場をギャラリーに転用した

工場ならではの大空間で
旧ギャラリーとの差別化をはかる

面白い。いかにもパリらしい、これまでにない空間造形への挑戦である。

● 転用のデザイン

既存施設をリニューアルして用途を転換する際、デザインやギャラリーとして使用する例が目につくのも、パリならではといえるだろう。

２０１２年10月にも、話題の2施設が開業している。ひとつがマレ地区にあるギャルリー・タデウス・ロパックが、市街地東郊外のパンタン地区に設けた「ギャルリー・タデウス・ロパック・パリ・パンタン（Thaddaeus Ropac PARIS PANTIN）」である。総面積は４６４５㎡、工場を改築して設けた大空間では、都心の旧ギャラリーでは収まらないような大きな作品を収めることが可能となった。開館時の特別企画として、ドイツ人アーティストであるアンセルム・キーファーの展示会などが行われた。7 8

また同時期に、世界各地に複数のギャラリーを有する「ガゴシ

空港内の施設をギャラリーに転用している

気積の大きい空間に特徴的な
トップライトからの光が伝い落ちる

アンギャラリー」もパリ郊外ル・ブルジェに新しい施設「ガゴシアンギャラリー・ル・ブルジェ（Gagosian Gallery Le Bourget）」を設けた。ユニークなのは、1919年に開港したブルジェ空港内にある施設を改築して使用した点である。太陽光を採り入れるため、曲線を連続させる外観をそのまま使用、内部に大きな空間を確保した。モダンなデザインは、フランス人建築家ジャン・ヌーベルによってリノベーションがなされたものだ。アートの売買を切り口とした遊休不動産の活用事例として、おおいに話題になった。9 10

●芸術高架橋

民間の施設だけではない。パリでは、都市の近代化に資するべく建設された公的な基盤施設をアートやデザイン関連の施設、あるいは魅力的な商業施設に転用した事例が少なくない。ここでは「芸術高架橋（Viaduc des Arts）」を紹介

高架橋というインフラストラクチャーをアトリエや商業施設、散歩道などに転用

したい。

「芸術高架橋」は、記念塔のある広場に面したバスティーユ駅を起点として、郊外とを結んでいたかつてのバンセンヌ線の連続高架橋を利活用したものだ。高速地下鉄RER-A線の開業によって、1969年にバンセンヌ線が廃線となったのち、バスティーユ駅の跡地利用とともに高架橋の再利用に向けた検討が始まる。

バスティーユ駅の跡地は「グラン・プロジェ」の対象となり、新オペラ座（L'Opéra de la Bastille）の建設が企画される。47カ国1700人もの建築家が参加した国際コンペの結果、84年にウルグアイ系カナダ人であるカルロス・オットーの案が採択される。5年の時間をかけて、89年7月に世界最大となる9面舞台を持つ新たな歌劇場が竣工した。

駅から東、一部区間でパリ12区の主要道路であるドメニル大通りに沿って連なる煉瓦造の高

市街地の空中を走る「緑の散歩道」の一区間として緑化が施された

架橋は保全された。鉄軌道の路面部分を改修、「緑の散歩道（プロムナード・プランテ）」を構成する一部区間として、立体的な緑化がなされた。季節ごとに美しい花卉が咲き誇り、一部にはパリでは珍しい笹の林も設けられた。大きな通りの交差点近傍など、要所に屋上の遊歩道につながる階段やエレベーターの設備がある。橋上の緑道は、かつてルイイー駅があったルイイー公園へとつながる。公園から先は、高架ではないが地上の散歩道として継承、ポルト・ドゥ・モンテンポワーブルまで伸びている。既存施設を転用しながら、市民が暮らす住区に人工的に線形の緑樹帯をつくり出すモデルとなる事業である。11－13

いっぽうアーチを連続させる高架橋の下部は、高架橋の躯体を活かしつつ、間口おおよそ10mほどの数十の店舗に分割された。ギャラリー、インテリアショップ、絵画修復のアトリエ、ガラス工芸・家具・傘・手芸などを扱う職人の工房、手芸店などのブティックなどが入居している。店のデザインも瀟洒で、小規模な手工業などが散

アーチ状の脚部は地区ならではの
手工業に関連した商業施設として利用

在していた地区にふさわしい商業空間である。不要となった既存の都市基盤を、デザイン性も豊かに、異なる用途に転用する感覚は見事というほかはない。14

●地域を改良する文化拠点

近年、話題になった施設がパリ北西部の19区にある「104（サン・キャトル）」である。数字を並べただけの名称は、オーベルビリエ通りの104番地にあることに由来する。かつてパリ市営の棺桶工場であった施設を、アートを中心とした多目的な文化拠点に改築したものだ。

そもそもは、カトリック教会の教区による施設があった場所だ。しかし国家と宗教の分立を受けて、1905年にパリ市の葬儀課がここに設けられた。葬儀課のミッションは、離婚した女性や自殺者など、教会で受け付けられないすべての死者に葬儀の機会を用意することにあった。霊柩馬車が棺桶を乗せてここから市内に出発し、墓地へと遺体を運んだ。施設内には葬儀課と戸籍課のほか、棺桶の製造所、食堂、美容院、寮などがあった。棺桶を製造する職人のほか、お針子、機械整備士、左官職人など1400人もの人がここで働き、年間2万7000人もの葬儀を行った時期もあったという。93年に発布された法律で、パリ市による葬儀事業の独占が終わり、97年に施設は閉鎖される。21世紀になって間もなく、当時市長であったドラノエは、治安もあまり良くないとされたこの地域を再生させるべく、再開発を促進する計画をまとめさせる。そのなかで具体化したのが、このアートセンターへの転用である。市長には、アートに触れる施設を新規に開業することで「市民の生活をより潤沢にする原動力」としたいという想いがあったようだ。

2006年から改装に着手、08年10月にオープンしている。総面積3万6800㎡、2万5000㎡の展示・イベント床を保有する。ガラス張りの2棟のホール「アール・オーベルビリエ」「ネフ・キュリアル」と、中庭から構成される。またオーベルビリエ通りに面した建屋は、鉄骨とガラスで構築されたモダンかつ開放的な空間構成である。ホール正面には、石造の壁面に大きくアーチ型に窓を設け、昼間は自然光が注ぎ込むように工夫がなされている。カフェや書店、失業者たちが運営するリサイクル・ブティックなどが入居している。またかつて製造した棺桶を馬車に積んで運び出していた半地下の空間も、展示場として使用され、1階部分とはスロープで連絡している。15-17

「104」の概要には「芸術活動によって芸術とそれを見る人たちとの境界のあり方をくつがえす場」という基本的なコンセプトが記されている。そのうえで「芸術と文化が、観客だけでなく、通りすがりの人や興味がある人すべてに開かれている」とうたってい

「通りすがりの人や興味がある人すべてに開かれている」ような大きなアーチ状の窓

ホールでのインスタレーション

る。実際、展覧会のほか、コンサートやダンスパーティー、講演会など、随時、さまざまなイベントを開催しているが、その多くがアーティストと観客の交流を最大限はかる参加型・体験型のものだ。

アーティストのレジデンス事業にも力を入れている。美術のほか、ビジュアルアート・劇団・ダンス・音楽など、幅広い芸術分野にわたる企画を募ったうえで、常時、30名ほどの滞在を受け入れつつ、施設内でいくつものプロジェクトを展開している。その期間、アーティストはアトリエ公開のほか、ワークショップなどを随時開催することで、作品が生まれるまでの過程を一般に公開することが求められる。

注目されるのは、ふたつのホールをつなぐ中庭にある「サンク(CINQ)」と呼ばれるアトリエである。ここは創作活動を行う周辺地区の非営利団体に、1時間2ユーロ(約270円)という廉価で貸し出されている。また「子供たちの家(La Maison des petits)」と名付けられた施設もある。子供を遊ばせている間に、親が専門家に子育ての悩みなどを相談できる無料施設だ。アートとは無縁だが、周辺に住む人々が気軽に

鉄とガラスで構成された内部

立ち寄ることができるように工夫がなされている。「観客ありき」を前提としたプログラムを多数、展開すると同時に、住民との連携をはかることで、地域に根ざした「開かれた場」を目指していることがよくわかる。

葬儀関連の施設を、大胆にアート施設に転じさせる発想が面白い。デザインやアートの拠点を設け、なおかつ地域に開かれたさまざまなプログラムを用意することで、地域やコミュニティが有する課題を改良する契機としようとする方法論は、いかにも「芸術の都」にふさわしい。

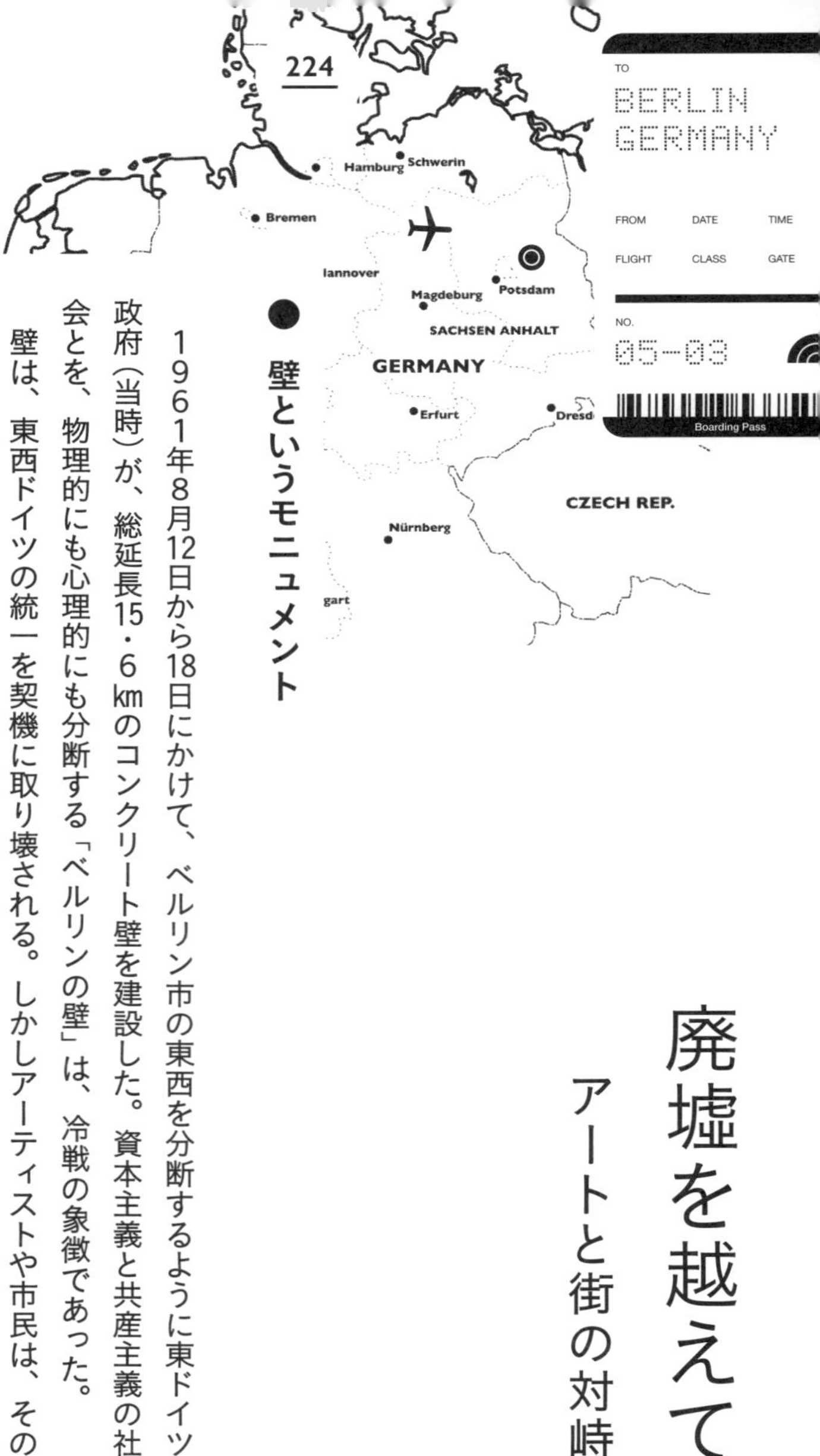

廃墟を越えて
アートと街の対峙

→ ドイツ **ベルリン**

壁というモニュメント

1961年8月12日から18日にかけて、ベルリン市の東西を分断するように東ドイツ政府(当時)が、総延長15・6㎞のコンクリート壁を建設した。資本主義と共産主義の社会とを、物理的にも心理的にも分断する「ベルリンの壁」は、冷戦の象徴であった。

壁は、東西ドイツの統一を契機に取り壊される。しかしアーティストや市民は、その象徴的な意義を重視、シュプレー川沿いの1・3㎞の区画は、現地での保存が実現する。壁には世界24カ国におよぶ芸術家118人による壁画が描かれた。もっとも、保存が決まったのちも、経年による劣化に加えて、

冷戦の象徴である壁が1.3kmにわたって保存されている

観光客による落書きが目につくようになった。本格的な補修が必要となり、2000年および08年以降に大規模な寄付を集め、修復がなされることになった。

壁が打ち壊されてから20年の節目にあたる09年、現地を訪れる機会があった。記念碑という意味付けがなされることで、単なる壁が文化財的な意味を増し、なおかつ観光資源となっている。筆者が見た際には、かつての西ベルリン側の壁面は華やかにアート化がなされていたが、東ベルリン側は往時のままに放置されていた。その対比が印象的だ。観光客は背面を見ることもなく、もっぱら壁画だけを眺めて帰ることになる。

多くの作品が自由や開放を主題としているが、どこか重々しい。壁の裂け目を打ち破って抜け出すイメージが種々のモチーフで展開されている。羽のある天使となって

壁を越えるもの、東ドイツ製の車で突き破る画など、その表現はさまざまだ。1-3

なかでも印象的であったのは、壁画群をプロデュースしたアーティスト本人の作品だ。歪んだ多くの顔が奔流となって、破れた壁から溢れ出している様子を描いている。流れ出るような人々の顔に、安堵の表情はあっても、笑顔はない。不安げな表情や、翳りを見せる面影も入り混じる。壁が崩壊した当時、東ベルリン市民が抱いていた心持ちを正直に描いたのだそうだ。東西ドイツが統一するという歴史的局面にあって、必ずしも誰もが、楽観的であったわけではなかったということだろう。4

壁を乗り越えるイメージが
さまざまな表現で描かれている

伝統とアバンギャルドの融合というコンセプトを体現するような構成

産業遺産のアート拠点化

壁の近傍を流れるシュプレー川沿いには、操業を終えて廃墟となってしまった工場も目につく。その一画に数年前、開業したアートセンター「ラディアルシステムV」を訪問する機会があった。「ラディアル」とは「放射」という意味であり、施設名称は放射状に構築された下水処理システムにあって、「5番目の施設」を示す。そもそもは1904年から翌年にかけて建設され、ベルリン市民の生活を浸水などから護っていたポンプ場である。5

運用を終えた後は放置されていたが、建物に関しては文化財としての価値が認識される。しかし市当局としては、主体的に再利用する予定が立たない。そこである投資会社が購入したうえで、民間が運営する複合的なアートセンターへと転生させることとなった。下水ではなく芸術を「境界を越えてあらゆる方向に放射したい」という願いをこめて、「放射状システム」というポンプ場時代の旧称が、新施設へと継承された。

建築家ゲルハルト・シュパンゲンベルクが大胆に増改築、ポン

テラスから臨むシュプレー川沿いには
廃墟化した産業遺産も多い

プ施設は2つのホールへと転用された。歴史建造物を跨ぎ宙に浮くように増築されたガラス張りの建物には、楽屋、事務所、3つのリハーサル室を収める。また川を臨んで確保された心地よい広いテラスは、さまざまなイベントに利用されているという。6 7

アートセンターの活動コンセプトは、その建物と同様に、伝統とアバンギャルドの融合である。中核となるのが、バロック音楽の専門家と、コンテンポラリー・ダンスのユニットという点が異彩を放つ。演奏家とダンサーたちが同じ舞台に立ち、斬新なプログラムを展開するのが目玉だ。「夜の音楽」というシリーズでは、聴衆は広いスペースで寝そべりながら音楽を楽しむ。屋根の上での演奏会などもあったようだ。そのほか建築、メディア作家、世界のさまざまな領域の表現者がここで出会う。筆者が訪れた際には、日本人による舞踏の公演が行われていた。

廃墟と化した産業遺産を文化施設へと転用する事業に投資する企業の思惑は推測するしかないが、空洞化したかつての工場地区にあって、周辺部の開発ポテンシャルを読み取っているように思えてならない。

ホーフの中庭を有効に転用して観光客にも人気のカフェテラスに

●占拠された廃墟

再生が必要なのは工場地区だけではない。かつての東ベルリンにあって、空洞化が顕在化した住宅地にあっても、アーティストが主体となって、新たな賑わいを生み出している事例がある。

一例がミッテ地区である。いくつもの路地や中庭を抜けて、レトロな建築の胎内をさまよい歩く感覚は実に楽しい。このあたりには、ホーフと呼ばれる中庭のある集合住宅が多い。歴史的な建造物であるこのホーフを、ブランドショップ、カフェなどに転用する例があり、観光ガイドブックにも掲載されるほど人気のスポットになっている。8 9

近くに戦前にユダヤ系の人たちが集まって暮らしていた街区がある。その一帯も、ギャラリーやお洒落なカフェが多く集まっていることで有名だ。界隈には、歴史的建造物である郵便局を転用した展示施設などもある。10

同様に歴史的建造物をミュージアムやギャラリーに転用する事例のなかでも、他とは趣向が異なる施設として、長く注目されていたのが、オラーニエンブルガー・トーアの駅前にそびえる「クン

展示施設へと転用された郵便局

ショッピングモール、展示場、捕虜収容所などを経て
アーティストに占拠されたクンストハウス・タヘレス

ストハウス・タヘレス」である。[11]

　この施設は、そもそもは１９０７年から09年にかけて建設されたショッピングモール「フリードリヒ・シュトラーセ・パサージュ」であった。新古典様式の外観を持つ鉄筋コンクリート造の堅牢な建物で、ベルリンでも有数の規模を誇った。中央部にあるドーム屋根が界隈のランドマークとなっていた。

　28年に電気機器メーカーであるＡＥＧが建物を継承、映画の上映館や製品陳列場として利用した。36年のベルリン五輪では、世界で最初となるテレビ中継がこの建物で行われたという。戦時下にはナチスやドイツ労働戦線が多くの部屋を占有、またフランス人の捕虜を収容していたこともあるという。もちろん戦後も建物は利用されたが、構造的に問題があることから、80年代には順次、躯体の解体が試みられた。しかし一部はその後も残されていた。

　壁の崩壊を受けて、東ベルリンを拠点として活動する若者たちの文化活動が活性化した。ミッテ地区、プレンツラウアーベルク地区、フリードリヒスハイン地区などで、アーティストたちが公共の建物をグループで占拠、みずからの表現活動の場に使用するようになった。若い芸術家たちと彼らを支援する人たちが、独特のユースカルチャーを謳歌したわけだ。

20世紀初頭の建築であるこの廃墟も、彼らの拠点のひとつとなった。90年2月、建物の解体に反対した50人ほどのアーティストがここを不法占拠し、活動拠点としたのだ。のちにビルの占有は結果的に容認され、所有者とのリース契約が結ばれる。アーティストたちが賃料を払い、暫定的ではあるが、継続して使用することが認定された。施設の文化財価値を巡る議論もあり、「古い廃墟的なもの」と「新しい現代を想起させる形態要素」を結びつけるべく改修も行われた。

クンストハウス・タヘレスは、東ベルリンにおけるカウンター・カルチャーシーンを象徴する場となった。内部はアーティストたちが工房として使用するとともに、自作の絵画や工芸を販売する場として転用した。外部にも金属を加工して作品とする作家のギャラリーがあった。壁は隙間なくペインティングが施され、重ねて貼られたチラシが層になっていた。芸術系大学の学園祭のような雰囲気であった。12-14

もっともこの建物を含む一画では、面的な再開発が予定されている。アーティストの多くは和解金を受け取り、退出に合意をしたようだ。２０１２年９月にタヘレス閉鎖のニュースが報じられた。

東ベルリンにおいて、アーティストや若者が不法占拠した建物は他にもある。冒頭に

壁面を埋め尽くすペインティング、チラシ。まさにカウンター・カルチャーシーンの象徴

工房や展示・販売などに利用されている

20年にわたる占拠も再開発にともなって閉鎖された

紹介した「ラディアルシステムV」の近く、シュプレー川沿いにある廃工場でも、煙突や赤煉瓦の壁が文字や絵で埋め尽されている例を見かけた。ベルリンでは、若いアーティストたちは強い意志を持って廃墟を占拠することで、自分たちの存在意義を社会に訴えてきたわけだ。

市民のアート活動をうまく活用することで、イメージの良くない都市周縁の住宅地や廃れた工場地区を、最先端の流行のスポットとすることが可能だ。アートが土地のポテンシャルを高めることに貢献、結果的に都市が更新を始める契機となることを、ベルリンの対照的な2つの事例は物語っている。前者は、アーティストが投資会社と組んで遊休施設を計画的に利活用したものだ。対して後者は、若いアーティストたちがみずからの居場所を求めた結果であり、いわば偶発的な実践である。まったく異なる手法ではあるが、廃墟の利活用が都市文化の更新に刺激を与えるという点においては、変わるものではない。

産業遺産のネットワーク

エムシャーパークその後

→ ドイツ **ルール**

産業都市における文化創造

「欧州文化首都（European Capital of Culture)」は、ギリシアの文化大臣メリナ・メルクーリ氏によって提唱された。EUに加盟している各国から、毎年、文化面で秀でた都市を選定し、年間を通じて多彩な催事を展開するプログラムである。政治面や経済面での統合が進展するなかで、各国、各都市に固有の文化を尊重しようという強い意志があったのだろう。

当初は「欧州文化都市（European City of Culture)」の名称で、1985年のアテネを初回に開催された。フィレンツェ、アムステルダム、ベルリン、パリ、グラスゴー、ダブリン、マドリードなど、加盟国の首都や世界的に著名な歴史都市などで順に実施された。

認定された都市は、欧州各都市の規範となりうる欧州全体の文化的な特徴を備えたプログラムを1年間にわたって展開する。加えて、地域の文化・経済・社会の継続的な発展に貢献することが期待される。２０００年には9都市で開催、以降、複数都市が選定されるかたちで、今日に至るまで継続している。

音楽、ダンス、映画など、文化による都市の活性化と市民活動の促進と水準の向上を目的とするが、都市開発の契機となることや、観光客誘因など経済効果が大きい点が注目されるようになった。そのため近年では、ビルバオやリバプール、あるいは56ページでもすでに紹介したリール市などのように、かつての産業都市が名乗りを挙げることも少なくない。欧州文化首都の選定を転機として文化芸術の振興を重視、都市のイメージを転換し、ブランド力を向上させた事例が散見できる。

欧州を代表する産業集積地であるドイツのルール地方も、そのひとつである。「エッセンとルール工業地帯」という地域名で、10年度の欧州文化首都開催都市に立候補する。11都市によるドイツ国内の選考を勝ち抜き、開催の栄誉を獲得したのは06年のことだ。ちなみに10年度には、ルール地方とともに、ハンガリーのペーチ、トルコのイスタンブールも、欧州文化首都に選定されている。

●エムシャー・ランドシャフトパークの成功

ルール地域では従来にない地域再生事業である「エムシャー・ランドシャフトパーク構想」を成功させたことで知られている。

オランダ・ベルギー両国との境に近く、ライン川の支流であるルール川の流域、約4335㎢を占めるルール地方には、エッセン、デュイスブルグ、ドルトムント、ゲルゼンキルヒェン、ボーフム、オーバーハウゼンなどの都市を含む53の自治体があり、約524万人が暮らしている。豊かな石炭資源を背景に鉄鋼業を基幹とする工業地域がかたちづくられ、重化学産業の集積地として繁栄をみた。欧州では第3の規模を誇るメトロポリスである。

しかし20世紀後半には、産業構造の転換を余儀なくされる。炭鉱の閉鎖があいつぎ、それに応じて工場の撤退も重なったのだ。失業問題や人口流出などの都市問題が顕在化するなかで、ハイテク分野など新たな産業分野の育成に力を入れることで成功をみた。また近年では、製造業に加えて、映画・出版・ゲームなどの「クリエイティブ経済」の振興にも意欲を見せている。

いっぽうでかつての「負の遺産」への対応が求められた。炭坑跡の近傍には土砂を積み重ねた山が点在し、かつての産炭地の遺風を見せていた。また各都市では、工場や労働者の住まいの跡が荒廃していた。また重工業に特化した地域の宿命として、汚染された河川の浄化も課題となった。80年代においてルール地方は、環境破壊と都市の荒廃で知られる地域となった。

この状況を受けて、90年代になって具現化したのが、「エムシャー・ランドシャフトパーク構想」である。「ランドシャフトパーク」とは「風景公園」と訳すべきだろう。「ドイツで最も汚い川」といわれたエムシャー水系を浄化して蘇生させるとともに、地域の社会・生活・環境を再生させる壮大な実践が企図された。なかでも注目されたのが、廃坑や廃工場などの施設を近代化遺産として最大限保存しつつ、文化施設や公園に利活用しようとする方法論である。また地域に点在する公園や施設群を結ぶサイクリングロードや遊歩道を整備、かつての環境破壊の跡と同時に、水域や緑が再生している現状を追体験することができる場を用意した。

ルール地方の広域行政を管轄するノルトライン・ベストファーレン州が、10年間の期限つきで設立した「IBAエムシャーパーク公社」が主体となり、自治体や民間団体から申請されたプロジェクトを支援するかたちで、さまざまな事業が進められた。新たな都市景観づくりとまちづくりを通じて、市民活動の活性化をはかるとともに、郷土への誇りを持ってもらおうという試みである。

ルール地方のこうした産業遺産の多くは
夜には美しくライトアップされる

● 産業遺産のアート拠点化

ランドシャフトパーク事業の事例として、デュイスブルグ市にある「ランドシャフトパーク・デュイスブルグノルド」を紹介しよう。デュイスブルグ市は人口49万人、ライン川とルール川が交わる交通の要所にあって、ドイツ最大規模の河港とともに発展した工業都市である。

「ランドシャフトパーク・デュイスブルグノルド」は、1985年に廃止されたティッセングループの製鉄所跡を再整備した公園である。広さは約230ha、「できるだけ手を入れず、工業と歴史、自然を感じられる空間」を生み出すべく、かつての工場の敷地や貨車の駅は建物の一部を保存しながらも、緑豊かな公園として整備された。家族向けの農場も設けられた。

いっぽう主要な施設は保存対象となった。往時の姿そのままにそびえる溶鉱炉は、点検用の階段で50mの高さまで昇ることができる。なかには大胆な利活用がなされた建物もある。ガスタンクの内部はダイビングプールに、コークスや鉱石を貯蔵していた倉庫の壁はクライミングのスポットといった具合だ。構内を巡っていたパイプや高炉壁は、児童公園の滑り台やジムへと転生した。施設では過去の産業文化を学ぶツアーも行われているそうだ。「暗くて汚い」というイメージの工場は刷新され、家族連れで賑わう行楽スポットとなった。幻想的なライトアップも施され、独特の夜景も魅力的である。1

ここでは「産業的自然」「産業的文化」「ランドマーク」というエムシャーパーク構想の柱となる理想が実践されている。「産業的自然」とは、自然環境とは対立する存在と思われがちな産業施設が、人の手を離れてその機能を捨てた後、自然に同化していく過程を見せようとするものだ。「産業的文化」は、解体される運命にあった産業遺産に手を入れて、芸術の場、あるいは教育の場として活用をはかるものだ。また各施設は芸術的な投光照明が施されている。

高さ117mを誇るランドマーク、現在はアートを内包する施設に転用されている

いっぽうオーバーハウゼンには、ガスタンクをアート施設に転用した事例がある。オーバーハウゼン市はルール地方の中心に位置する人口21万人ほどの工業都市である。市内にあるかつての製鋼所内に、およそ80年前に建設された巨大な円筒形のガスタンクがそびえ立つ。高さ117mほど、直径約67m、容量は34万7000㎥、当時では

「Out of This World」1階の展示、太陽のモニュメントを惑星の写真が取り囲む

欧州最大を誇ったそうだ。1988年に供用を終えた後、展示会やコンサートを行う多目的文化施設として改築され、94年に開業している。99年には、梱包アートで名高いクリストが、「The Wall」と題して、1万3000個のドラム缶をタンク内に積み上げ、高さ26mの巨大な壁を製作し、作品とした。2

ちなみに欧州文化首都が実施された2010年には、ガスタンク内で「Out of This World」と題して「太陽系」をわかりやすく紹介する展覧会が実施された。一階の中央には、光り輝く球形の太陽のモニュメントが吊り下げられ、周囲に太陽系の各惑星を撮影した写真が展示された。

圧巻は2階にあった。ガスタンク当時の円盤状の巨大な蓋を用いた二階の床の上は、タンクの頂部まで吹き抜けている。巨大な円筒形の闇だ。そこに直径25mの布製の月が吊り

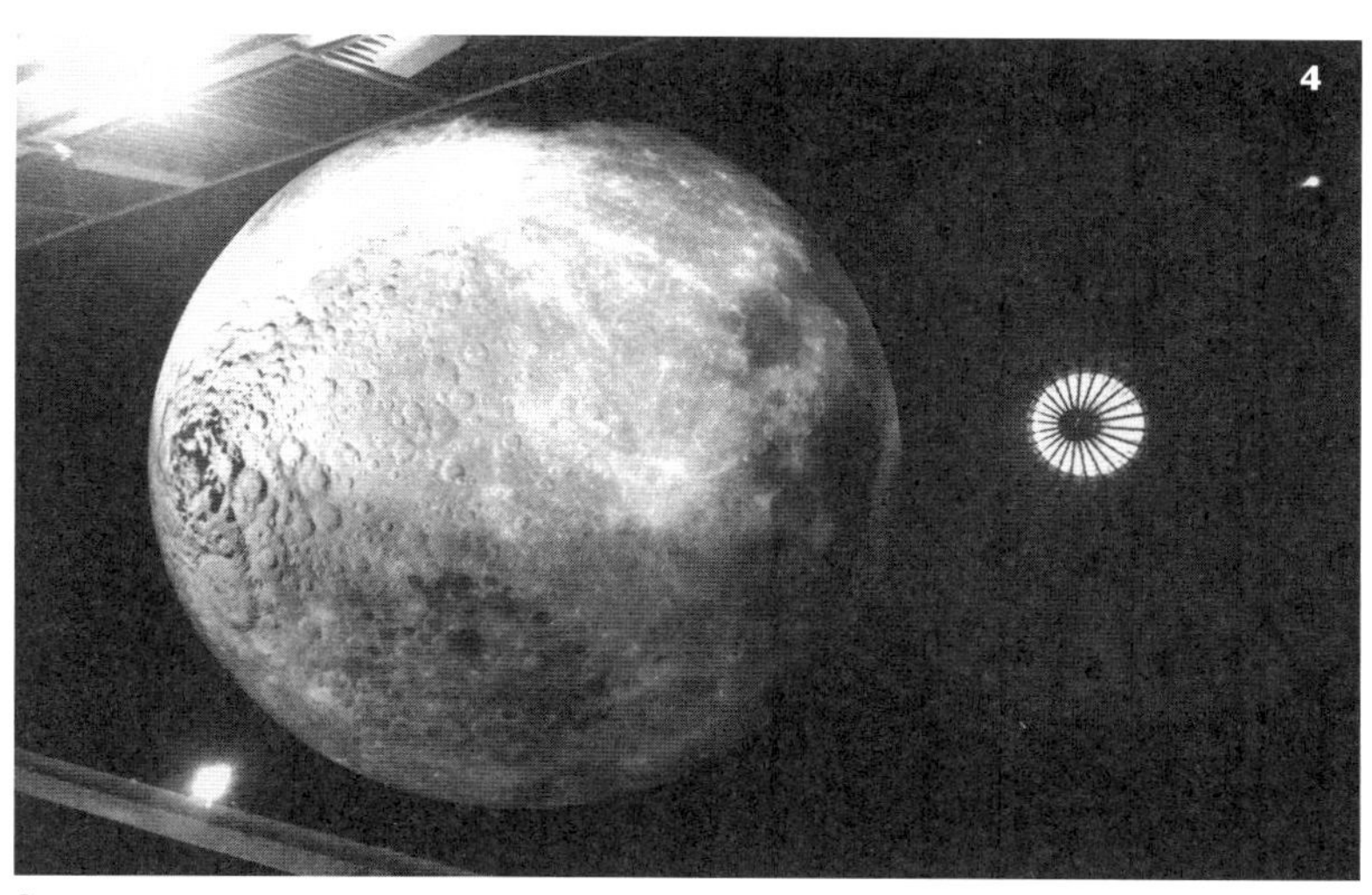

「Out of This World」2階の展示、直径25mの布の月

下げられた。クレーターはもとより、微地形も精緻につくりこまれている。照明の効果もあって、その美しさと存在感は圧倒的だ。使われなくなった産業施設を、唯一無比なその空間を活かしつつ、文化施設に転じさせる発想と実践は独特である。3 4

文化首都と「世界一美しい炭坑」

鉄鋼と炭鉱を基軸に発展した産業都市群は、エムシャーパーク事業を通じて、文化・芸術・学術を育む地域という一面を持つに至った。10年のルール地方における欧州文化首都の実施は、産業・経済の改革と芸術・文化の創造が、大胆な都市再生の両輪となったことを対外的にPRする好機となった。

ルール地方での欧州文化首都は「文化によ

ズリ山もシンボリックに整備された

る変化、変化による文化」を主題に掲げつつ、「Ruhr.2010」の愛称で実施された。広域での開催であることを逆手にとって、100の産業文化遺産、200のミュージアム、100のコンサート会場、250のフェスティバルと祭り、19の大学、100万人のサッカーファンを持つ地域であることを訴えた。

期間中には、映像、演劇、音楽、クリエイティブビジネス、フェスティバルなどの分野で、2500ものイベントと300の関連事業が企画された。なかでも、さまざまなアートを地域内に配置する「エムシャークンスト2010」、各国から招聘された著名なデザイナーが60カ所をライトアップする「国際光の芸術ビエンナーレ」、6都市33戸の住宅をクリエイター向けに提供する「クリエイティブ地区」事業などが話題になった。

また欧州文化首都を目途に、産業遺産を文化施設として再整備する事例もある。そのひとつがドルトムントにある「ドルトムンダーU」である。そもそもはユニオン・ブルワリーの醸造・貯蔵施設であり、1927年の竣工時には市内初の高層建築であったという。屋上に設置された高さ9mの「U」の文字をかたどった巨大なサイン看板が、長く界隈のランドマークとなっていたものだ。ま

バウハウス様式の「世界で最も美しい炭坑」

た炭鉱から排出した土砂を積み上げて造成された、いわゆる「ズリ山」の頂に、アート性の強い展望施設が整備されたことも付記しておきたい。5 6

ルール地方における欧州文化首都の実施にあって、拠点施設と位置づけられたのが、エッセンの「ツォルフェアアイン炭鉱業遺産群」である。エッセン市は人口58万人ほど、蒸気機関車の車輪製造を嚆矢に鉄鋼業を始めたクルップ家の本拠地としても知られている。

ツォルフェアアイン炭坑は1840年代には操業を開始したという。ただ中核となっている第12採掘抗は、1928年から32年にかけて建設されたものだ。地下1000mにある採炭現場から、トロッコごとエレベーターに乗せて地上に運び、選炭のラインに乗せる竪坑である。施設の象徴である高さ55m、赤銅色の塔屋の内部には、竪坑のシャフトを収めている。モダンなバウハウス様式の建屋とともに、フリッツ・シ

当時を支えた革新的な設備も保存・展示されている

ュップとマルティン・クレマーが設計を担当した。「世界で最も美しい炭鉱」と呼ばれたのも納得できる近代的な建築美を見せている。7-9

合理的かつ革新的な設備の導入によって、ツォルフェアアイン炭坑は、当時、世界最大の生産規模を誇ることになる。採炭の全盛時には、施設内を1万5000台ものトロッコが走りまわっていたという。現在はその複雑な軌道網の一部が保存され、展示施設に利用されている。10 11

第12採掘抗や関連する施設は、近接して建設されていた巨大なコークス工場跡とともに、2001年にユネスコの世界遺産に登録された産業遺産である。ちなみに工場跡には観覧車を設置、内部は1000点以上の優れたデザインの商品を陳列する「レッド・ドット・デザイン・ミュージアム」などに転用されている。12 13

産業都市の過去を「テクノスケープ」として現代に伝えている

● 産業遺産街道とテクノスケープ

ルール地方における欧州文化首都は、地域に点在する拠点施設のネットワーク化を促したようだ。デュイスブルグのランドシャフトパークやツォルフェアアイン炭鉱業遺産群のほか、クルップ財閥邸宅、ボーフムの鉄道博物館、ドルトムントのベストファーレン鉱業博物館など25カ所ほどの近代化遺産と、15カ所ほどのビューポイントを鉄道やアウトバーンで移動しながら見物することを想定して、「産業遺産街道」のルートが設定されたのだ。

多くの施設は夜には美しくライトアップが施されている。ルール地方では、産業遺産が自然とともに織りなす光景、すなわち「テクノスケープ」が、地域の人によって支持され、象徴的意味を含みつつ今日に生きている。「負の遺産」を封印、産業都市の過去を忘却するのではなく、未来を拓く創造的かつ文化的な土壌に転じさせる環境デザインの創意工夫が重ねられている。

おわりに——国際観光と集客都市

●爆発する国際観光

アジアを中心に「国際観光のビッグバン（大爆発）」が起こりつつある。経済成長を遂げつつある新興国から世界各地に向けて、国境を越えて旅する人が、文字通り、「爆発」のごとく急増しているのだ。

かつて戦後復興を経て高度経済成長期を果たした時期の日本では、ハワイなどに出向くパックツアーが庶民の憧れであった。いっぽう近年、世界中の主要な観光地で中国からの団体客を見かけない場所はない。ケニアの国立公園にサファリに出向いた際にも、南米の奥地に旅したときにも、中国からの旅行者が多いことに驚いた。それほどまでに、中国の富裕層は世界中を旅している。

同様の現象がインドやインドネシアを始め、アジア諸国で起こりつつある。経済的な豊かさを得るとともに、国内旅行ではなく家族連れでの海外旅行が選択肢となるほどに、可処分所得が増えたということになる。

国連の専門機関である「世界観光機関（UNWTO）」の統計によると、2004年の「国際観光客到着数」、すなわち外国旅行をした人の総数は、世界中で約8億6000万人であった。それが10年に統計上、初めて10億人を超え、13年には10億8700万人を数えるに至った。

04年と比較すると、わずかに10年ほどで4割も増えている計算になる。リーマンショックのあった09年を除いて、毎年3～4％の伸びである。世界観光機関は、このまま続伸すると、30年には延べ人数で、年間18億人もの人が海外旅行をする時代になると予測している。

ただし旅の目的地には偏りがあるようだ。現状では、過半の52％を欧州への旅が占める。アジア太平洋地域が23％、アメリカ地域（北米・中南米・カリブ海）が16％という割合である。国別を見ると、12年の統計ではフランスが年間8300万人程の外国人を受け入れている。以下、米国・スペイン・中国・イタリア・トルコ・ドイツ・英国と続く。ただ、観光消費額で見ると、米国・スペインがフランスを凌いでいるのが実情である。

もっとも欧州への旅も、その内容は多様化の傾向がある。たとえば近年、注目されているのが中欧や東欧諸国である。毎年8％ほどのペースで、海外からの旅行者が増える傾向にある。

また世界全体で見ると、アジア太平洋地域が年間6～7％ほどの伸び率を示して好調であり、成長市場であると考えられている。なかでも東南アジア地域への渡航者が急増している。経済成長を続ける中国や東南アジア諸国連合（ASEAN）諸国から、近隣諸国への観光客が多いようだ。

この状況を鑑みつつ世界中の都市が、外国人観光客を、さらには海外からのビジネス客を受け入れるべく、国際性を高め、同時に都市の魅力の向上を競い合っている。近年になってようやく日本政府も外国人旅行者の誘客に本腰を入れ始めた。「観光立国」において2020年の目標とされた年間1000万人の海外旅行客の受け入れは、前倒しで達成されることになるだろう。

近年、わが国でも各都市が、インバウンドの観光客誘致を意識した地域づくりに力を入れ始めた。観光案内の多言語化や無料Ｗｉ－Ｆｉの導入など、外国人観光客の利便性を高めるサービスの導入も進展しつつある。もっとも国際観光を意識した新たな都市デザインを巡る議論は、ハードもソフトもまだまだ十分だとは思えない。

国際観光と都市美

私たちはこれまでも、何度か国土全体で国際観光の振興をはかった経験がある。昭和5(1930)年、大型客船で来訪する欧米の旅客を受け入れるべく、政府は鉄道省の外局として国際観光局を置いた。瀬戸内海や雲仙、霧島などの国立公園を制定、また主要な観光地や大都市には、世界標準のホテルが整備された。実現はしなかったが、昭和15(1940)年に開催が予定された万国博とオリンピックを意識、観光業の国際化が真剣に議論された。

もちろん戦後にも同様の議論があった。『観光の理論と実際』(昭和24(1949)年3月、東京都総務局観光課)という報告書が手元にある。戦後復興のなかで、国際観光の理念を都民に普及徹底することを目的に実施された講座の記録である。高田寛の「観光立国論」、木村禧八郎「観光産業論」を総論として冒頭に掲げ、19名の専門家が持論を展開している。

造園や都市計画の立場からは、田村剛や石川栄耀の講演が収められている。たとえば田村剛は「観光資源論」と題して、人文的資源・自然資源の「二つの資源」に分けて、わが国の風土の特質や問題点を述べている。都市の景観に関しても言及している。人文的資源のひとつに「都市美と日本特有の産業」という項目を掲げ、「日本には都市の美観を誇り得るようなものは非常に乏しい」と述べている。より具体的には、欧米の都市に比べて近代的な文化施設が欠けているという課題とともに、封建時代以降の特色や土地固有の色彩が薄れ、「都会一色に塗り潰される傾向」を懸念している。

いっぽう東京都建設局長の職にあった石川栄耀は「観光と都市計画」と題して考えを述べ、「都市美の問題」にも触れている。彼の主張は「都市を観光的にするには此れを都市美的にする事、郷土的にする事」という点に集約される。

石川は都市の美観をいくつかの要素に分けて説明する。第一に「家と家との調和」をはかることで生みだされる「市街美」があると指摘する。次に「街路にあるものはすべて美しく」と考える西洋の都市に対して電柱や屋外広告物で溢れている日本の都市の現状を批判、「路上美」を説く。さらには「家と自然との調和」という観点から、ベニスやロンドン、パリ、ニューヨークなどを例示しつつ「水辺美」の必要性を、さらに背景や眺望する場などの意味合いから「丘陵美」の意義を説く。これら「美」に関わるすべての要素に配慮することで「新しい都市美」が出現すると、石川は強調する。その好例として、陸景軸と水景軸とを想定し、都市の構成美を大きく構えたキャンベラを挙げる。

もっとも石川が意識した「新しき都市美」は、建築物などのハードを指すだけではない。彼は、広場や文化的な公園を設けて人々の活動を喚起、「社会美」を充実させるべきだと主張している。そもそも日本の郷土的な文物で観光価値があるものは、寺院や神社、名園や郷土芸術などであって、基本的に街路に向かって開放されているものではない。都市における「観光娯楽」の対象には博物館など「知識補給型」の施設、美術館や郷土芸術館など「情操関係の娯楽」、船遊びなど「意志型の娯楽」、美食や享楽的な楽しみといった「生活補給型」の娯楽がある。しかしこれら以上に石川が強調するのが「社会的娯楽」の意義である。クラブや劇場、カフェ、サロンを設けて食事や喫茶ができるようにした宿泊施設を集積することで、「すすんでは広場や公園をクラブのような感じ」にするべきだと述べている。

●ツーリズムの都市デザインに向けて

半世紀以上の時間が経過した現在においても、議論の本質は変わるものではない。「都市を観光的にするには此れを都市美的にする事、郷土的にする事」という石川の確信は今日にあっても有効ではないか。来街者は、世界標準の利便性や普遍的な美と同時に、その地域、その都市固有の文化を常に求めるものだ。ツーリズム振興を媒介とする都市デザインを考える場合、「郷土」を意識した「都市美」の創出をはかろうとする発想があってよい。

重要なのは、都心をツーリストにとっても魅力ある場所として創造しようとする意欲だろう。たとえばシンガポールは、戦略性を持って「集客都市」を構築した好例である。1970年代以降、「世界をシンガポールに／シンガポールを世界に」にというキャッチフレーズのもと、独自の魅力を創出することに成功した。再開発にあっても無粋なビルを建設するのではなく、都心では歴史的建造物を活かして民族色豊かな街並みを創造、マリーナの近傍では斬新な建築を集積したコンベンション都市を整備した。とりわけ古い倉庫街を魅力的な賑わいの場とするなど、川筋の再生事業が印象的だ。近年では統合型リゾートを核として、マリーナベイ地区をMICE拠点とすると同時に、かつて観光施設を集積して開発した近傍のセントーサ島に手を入れ、カジノやホテル、テーマパークが集積する都市型のリゾートへと、再度の再開発をすすめている。

いっぽう欧米の諸都市に目を向けると、空洞化した都心の再生にあって、「文化による集客」という視点を入れることで成功した例は多い。たとえばニューヨークのタイムズ・スクエア地区などが参考になる。かつての劇場街は、ながらく「暗く、麻薬と犯罪の巣窟」と化していた。この地域を対象とする再開発事業は90年代になって具体化、誰もが遅くまで安全に楽しめることができるエンターテインメント・ビジネスの中核へと見事に転身をとげた。タイムズ・スクエアの再開発にあっては、歴史的な劇場の再生と高層オフィスタワー群の建設というハードの整備に加えて、演劇関係者専用のアパート供給などソフト面での仕掛けが注目された。都心を単なるオフィス街として再開発するのではなく、来街者が多く集まる健全な都市型観光地を創出しようという発想があった。

日本の諸都市にあっても、総合的な都市政策の柱のひとつにツーリズム産業の振興策を位置付け、都心再生事業とうまく関連付ける発想が必要ではないか。人口減少が予見されているなか、減衰する活力を補うべく、外部からの来街者を呼び込むことは不可欠である。いっぽうで中心市街地においては、地域の個性を生かした都心の「再・再開発」、あるいは「再都市化」を実施する段階に入りつつある。

そこにあっては成功事例の単なる模倣ではなく、他の都市にない個性を強調、文化的景観と賑わいを創出することで、多くの来街者を呼び込む発想が重要になると考える。このようにツーリズム産業の振興に重きをおき、結果として魅力的な文化的景観の創出をもたらす都市の理想像を、かつて筆者は「集客都市」（橋爪『集客都市』日本経済新聞社、2002年）と命名した。

ツーリズム、すなわち外部からの人の流入と滞在を意識することで、市民もおのずとみずからの地域の価値に想い至る。その向上、すなわち「都市ブランド」を高めることを通じて、外部からの財や人を集めることが可能になる。もちろん、この種の好循環を生み出すために、さまざまな「仕掛け」が必要となることはいうまでもない。

「集客都市」に託した筆者の想いは、確信に変わっている。近年も、大阪や京都、広島、奈良など、各地での都市計画やまちづくりの実践に関わるなかで、来街者の増加策とツーリズム産業の振興策を通じた新たな都市デザインの具現化に尽力しているところだ。

さて本書は、日本的な「集客都市」を構想し、その具体化をすすめるなかで、参考となる事例を求めて、世界各都市を継続して調査した成果の一端をまとめたものである。事例とした各都市を訪問した時期は、2006年から14年と幅がある。単行本とするにあたって補足を試みているが、統計数値などは踏査時のままで最新のものに改めていないところがある。諸賢の寛容さに委ねるところである。

もちろん、ツーリズムがもたらす新たな都市デザインを模索する筆者なりの旅は、現在も継続している。リバプールにおけるコンテンツ・ツーリズム、メルボルンのスポーツ・ツーリズムや路地裏のアート化、シドニーの港湾地区の再生など、本書に収めることが間に合わなかった事例も多い。またいずれ、本書の続編をとりまとめる機会もあるだろう。

最後に、世の良き慣例に従って謝辞を。本書の各章は、一般社団法人大阪府建築士事務所協会の機関誌である『まちなみ』の誌上に、「ツーリズムの都市デザイン」と題して、13年4月号から15年3月号まで36回にわたって連載をさせていただいた原稿がもとになっている。担当の小西正範さんを始め、一般社団法人大阪府建築士事務所協会の関係各位に改めて感謝の意を表明しておきたい。単行本として上梓する際には、『広告のなかの名建築［関西篇］』に引き続き、鹿島出版会の久保田昭子さんにお世話になった。ありがとうございました。

2015年春　京都洛西の二窓席にて

著者記

●著者紹介

橋爪紳也（はしづめ・しんや）

一九六〇年大阪市生まれ。京都大学工学部建築学科卒業、京都大学大学院工学研究科修士課程、大阪大学大学院工学研究科博士課程修了。建築史・都市文化論専攻。工学博士。

『倶楽部と日本人』（学芸出版社）『明治の迷宮都市』（ちくま学芸文庫）『日本の遊園地』（講談社）『集客都市』（日本経済新聞社）『モダン都市の誕生』（吉川弘文館）『飛行機と想像力』（青土社）『南海ホークスがあったころ』（河出書房新社）『大阪のひきだし』『広告のなかの名建築［関西篇］』（鹿島出版会）『大大阪モダン建築』（青幻舎）『大阪の教科書』（創元社）『瀬戸内海モダニズム周遊』（芸術新聞社）など、建築史や都市研究に関する著作は数十冊。

現在、大阪府立大学21世紀科学研究機構教授、大阪府立大学観光産業戦略研究所長、大阪市立都市研究プラザ特任教授、国際日本文化研究センター客員教授。イベント学会副会長。大阪府特別顧問、大阪市特別顧問、大阪府市文化振興会議会長などを兼職。

ツーリズムの都市デザイン
非日常と日常の仕掛け

二〇一五年五月二〇日　第一刷発行

著者　橋爪紳也
発行者　坪内文生
発行所　鹿島出版会
〒一〇四－〇〇二八
東京都中央区八重洲二－五－一四
電話　〇三－六二〇二－五二〇〇
振替　〇〇一六〇－二－一八〇八八三

印刷・製本　壮光舎印刷
装丁　石田秀樹

ISBN 978-4-306-07314-2 C3052

本書の内容に関するご意見・ご感想は左記までお寄せ下さい。
URL: http://www.kajima-publishing.co.jp/
e-mail: info@kajima-publishing.co.jp

好評既刊書

広告のなかの名建築〔関西篇〕

橋爪伸也 著

チラシのなかのモダニズム。

明治末から昭和初期、工業化社会と消費社会が産み出した、マッチラベルから絵葉書、パンフレットまで、魅力的な広告媒体の数々。都市生活と建築の関係をあらたに掘り起こす。

本体　2,400円＋税